# 中国水文年报

## 2021

中华人民共和国水利部　编

中国水利水电出版社
www.waterpub.com.cn
·北京·

**图书在版编目（CIP）数据**

中国水文年报. 2021 / 中华人民共和国水利部编
. -- 北京 : 中国水利水电出版社, 2022.10
ISBN 978-7-5226-1031-3

Ⅰ. ①中… Ⅱ. ①中… Ⅲ. ①工程水文学－水文观测
－中国－2021－年报 Ⅳ. ①TV12-54

中国版本图书馆CIP数据核字(2022)第187009号

审 图 号：GS京（2022）1092号

责任编辑：宋 晓

| 书 名 | **中国水文年报 2021**<br>ZHONGGUO SHUIWEN NIANBAO 2021 |
|---|---|
| 作 者 | 中华人民共和国水利部 编 |
| 出版发行 | 中国水利水电出版社<br>（北京市海淀区玉渊潭南路1号D座 100038）<br>网址：www. waterpub. com. cn<br>E-mail：sales@mwr. gov. cn<br>电话：（010）68545888（营销中心） |
| 经 售 | 北京科水图书销售有限公司<br>电话：（010）68545874、63202643<br>全国各地新华书店和相关出版物销售网点 |
| 排 版 | 中国水利水电出版社微机排版中心 |
| 印 刷 | 北京市密东印刷有限公司 |
| 规 格 | 210mm×285mm 16开本 6.5印张 141千字 |
| 版 次 | 2022年10月第1版 2022年10月第1次印刷 |
| 印 数 | 0001—1000册 |
| 定 价 | **98.00**元 |

# 前言

水是万物之母、生存之本、文明之源。水文是研究自然界水的时空分布、变化规律的一门学科，历史悠久。早在4000年前，中国就有“大禹治水”的传说，认识了“水性就下”的水文规律。2200年前，李冰在都江堰设立“石人”水尺观测水位。从唐广德二年（764年）到1949年的近1200年间，长江涪陵白鹤梁刻有石鱼图的特枯水位题记就有72年，为中国历史上最长的实测枯水位记录。

中华人民共和国成立以后，党中央、国务院高度重视水文工作。毛泽东主席多次对水文工作作出重要指示，他在视察长江时曾关切地询问长江水文资料的情况，还要求水文资料要一式三份妥善保存。2018年4月25日，习近平总书记深入被誉为洞庭湖及长江流域水情“晴雨表”的城陵矶水文站，视察水文测报工作。经过多年建设与发展，我国建立起比较完善的水文站网体系、管理体系和服务体系。截至2021年底，全国水文部门共有各类水文测站近12万处，从业人员近7万人。一直以来，水文在支撑我国经济社会发展和水旱灾害防御、水资源管理、水环境保护、水生态修复、水工程建设运行等方面，成绩显著。

近年来，水利部为深入贯彻落实党中央、国务院的重大战略部署，一方面加强国家水网重大工程和流域治理体系建设，着力构建数字孪生流域和智慧水利体系，强化“四预”措施，多次打赢水旱灾害防御硬仗，为人民群众生命财产安全和供水安全提供了坚实保障；另一方面，不断强化复苏河湖生态环境，启动华北地区地下水超采综合治理、京杭大运河全线贯通生态补水等系列行动，有效推动了华北地区地下水综合治理和全国重要河湖生态环境复苏。在水旱灾害防御、河湖生态环境复苏，以及在推进江河水量分配、河湖生态流量管控、实施最严格水资源管理等项工作中，水文提供了大量及时准确的监测和分析成果，发挥了重要作用。

随着经济社会和水利高质量发展的不断推进，水文的基础性支撑作用日益凸显，社会公众对水文的关注度也越来越高，为此，水利部组织编制了《中国水文年报2021》，首次系统、权威地向社会发布我国2021年度的水文情势，以及重大暴雨洪水和干旱等公众关注的事件，以满足社会公众和有关部门对水文信息的需求。

**编　者**

2022年6月

# 编制说明

《中国水文年报2021》（以下简称《水文年报》）为水利部首次编制发布的水文综合信息年报。依据2021年全国水文部门的全要素监测数据和有关部委的气象、地下水等监测数据，选取较完整的长系列整编资料进行科学分析，编制发布社会公众关注的我国年度水文情势以及重大暴雨洪水和干旱等事件，包括降水、蒸发、径流、泥沙、地下水、冰凌等水文要素和暴雨洪水、干旱、水库蓄水量等年度综合信息及时空变化特征，为经济社会和水利高质量发展提供基础性资料，也为流域综合治理、水旱灾害防御、水资源管理、涉水工程建设运行及水生态修复等提供科学依据。

《水文年报》发布的水文信息不包含香港特别行政区、澳门特别行政区和台湾省的水文信息。

**1. 数据来源**

《水文年报》中降水、蒸发、径流、泥沙、干旱等要素分析计算采用雨量站、蒸发站、水文站等的监测和整编数据。年降水量等值线图和距平图采用全国约18000个雨量站监测数据分析绘制，年水面蒸发量等值线采用全国约1100个蒸发站监测数据分析绘制（统一换算到标准的E601型蒸发器）。分区径流量依据全国近3000处江河水文站的监测资料，通过水文分析计算方法获取；代表站实测径流量选取456处大江大河水文站的实测资料分析计算，代表站天然径流量分析则以其中178处水文站的天然径流量为依据。泥沙状况选择长江、黄河等12条河流及青海湖区等85个水文站实测输沙量数据分析计算。地下水水位变化采用覆盖全国主要平原区、盆地和喀斯特山区的18753个（其中水利部9979个、自然资源部8774个）地下水站的监测数据进行分析。生态流量保障情况以全国90条（个）重点河湖147个断面监测数据进行分析，生态补水以华北地区河湖生态补水的22条（个）河湖为监测对象。湖库蓄水状况分析对象为大中型水库和常年水面面积大于100km$^2$且设有水文站的湖泊，包括大型水库728座、中型水库3797座和湖泊73个。

**2. 有关说明**

（1）《水文年报》中涉及的多年平均值，除蒸发采用1980—2000年系列、泥沙采用1950—2020年（建站至2020年系列）及特殊说明外，均统一采用1956—2016年水文系列平均值。

（2）一级流域（区域）：一级流域是由一条独流入海的河流水系集水区域组成；一级

区域是由多条独流入海或多条流入沙漠、内陆湖的河流集水区域组成。《水文年报》中将其统一简称为一级区，全国包括松花江区、辽河区、海河区、黄河区、淮河区、长江区（含太湖流域）、东南诸河区、珠江区、西南诸河区和西北诸河区共10个一级区。

（3）北方区：包括松花江区、辽河区、海河区、黄河区、淮河区、西北诸河区等6个一级区。

（4）南方区：包括长江区、东南诸河区、珠江区、西南诸河区等4个一级区。

（5）保证水位（流量）：能保证防洪工程或防护区安全运行的最高洪水位（m）（最大流量，$m^3/s$）。

（6）警戒水位（流量）：可能造成防洪工程出现险情的河流和其他水体的水位（m）（流量，$m^3/s$）。

（7）生态流量：为维持河湖生态系统的结构和基本功能，需要在河湖内保留的流量（水量、水位）及其过程（$m^3/s$）。

（8）编号洪水：依据水利部《全国主要江河洪水编号规定》，全国大江大河大湖以及跨省独流入海的主要河流的编号，在站点达到防洪警戒水位（流量）、2～5年一遇洪水量级或影响当地防洪安全的水位（流量）时，确定为编号洪水。

（9）实测径流量：实际观测到的一定时段内通过河流某一断面的水量（$m^3$）。

（10）天然径流量：实测河川径流量的还原水量，一般指实测径流量加上实测断面以上的利用水量（$m^3$）。

（11）径流深：指河流、湖泊、冰川等地表水体逐年更新的动态水量与相应集水面积的比值，即当地河川径流量与相应集水面积的比值（mm）。

（12）含沙量：单位体积浑水中所含干沙的质量（$kg/m^3$）。

（13）输沙量：一定时段内通过河流某一断面的泥沙质量（t）。《水文年报》中的输沙量是指悬移质部分，不包括推移质部分。

（14）输沙模数：一定时段内总输沙量与相应集水面积的比值［$t/(a\cdot km^2)$］。

（15）中数粒径：泥沙颗粒组成中的代表性粒径（mm），小于等于该粒径的泥沙占总质量的50%。

（16）年降水量距平：当年年降水量与多年平均年降水量的差，与多年平均年降水量的比值（%）。

（17）蒸发量：《水文年报》中指水面蒸发能力，我国水文部门普遍采用E601型蒸发器进行水面蒸发观测，其观测值可近似代替大水体的蒸发量（mm）。《水文年报》中蒸发量均指水面蒸发量。

（18）全国面积：《水文年报》中水文要素分析计算涉及的国土面积（$km^2$）。

（19）泥沙水文控制站：具有代表性和控制性的水文站。对于支流，水文控制站一般选用支流的把口站。对于干流，水文控制站一般选用能够代表不同河段水沙情况的水文站。

（20）泥沙流域代表站：用来反映流域水沙变化状况。按照以下要求执行：①流域代表站为流域出口控制站。当流域水系结构复杂时，代表站可由各主要支流控制水文站共同组成，其特征值之和为该流域代表站特征值。②代表站控制流域面积宜占流域总面积的70%以上。

（21）地下水重点区域：地下水开采量大且地下水超采严重，或地下水开发利用量接近地下水可开采量，或山丘区存在不合理开采的开发利用集中的连片区域，涉及的省级行政区和地市纳入重点区域地下水超采综合治理地市名录，共涉及16个省级行政区，84个地市，重点区域地下水超采量占全国超采量的95%。地下水重点区域和主要平原区有命名重复的情况，重点区域仅对涉及地市进行分析，故部分重点区域的名称后增加“（重点）”字样予以区别。

（22）浅层地下水埋深空间分布采用克里金插值法计算，水位（埋深）变幅在±0.5m范围内的区域（站点）称为相对稳定区（点），水位上升（埋深减少）幅度大于0.5m的区域（站点）为上升区（点），水位下降（埋深增加）幅度大于0.5m的区域（站点）为下降区（点）。

（23）生态流量目标保障达标程度采用频次法进行评价，计算公式为

$$CR=\frac{A}{B}\times 100$$

式中　$CR$——河湖生态流量（水位）目标保障达标程度，%；

$A$——评价时段内大于等于生态流量保障目标的实测径流监测样本数；

$B$——评价时段内参与生态流量保障目标达标情况评价的实测径流监测样本总数。

（24）冰凌分析时段为一个完整的封河开河周期，《水文年报》中的分析时段为2021年封河到2022年开河。

# 目录

雅鲁藏布江大拐弯（金君良 摄）

# 综 述

水文是经济社会和水利建设与发展的重要基础，水文信息反映了自然界中水的时空分布和变化规律。1949 年以来，我国水文事业逐步发展壮大。特别是近年来，国家水文站网建设得到蓬勃发展，基本实现对全国大江大河和重要支流的全覆盖。多年以来，水文为国民经济建设和社会发展以及水旱灾害防御、水资源管理、流域及河湖治理、水环境保护、水生态修复、涉水工程建设运行等提供了重要的科学支撑。

## 一、全国水文站网基本概况

1949 年中华人民共和国成立时，全国仅有水文测站 353 处，其中：水文站 148 处、水位站 203 处、雨量站 2 处。中华人民共和国成立后，人民政府大力兴修水利和发展经济建设，迫切需要水文资料，水文站网得到了迅速恢复和发展，1951 年即有水文测站 2644 处。此后，我国进行过四次大规模的全国性水文站网规划调整，分别是：1956—1959 年的全国水文基本站网规划，1964—1965 年的基本站网验证和调整规划，1978—1979 年的水文站网调整充实规划，1985—1987 年的水文站网发展规划及站队结合规划。历次规划也根据不同时期的发展需求对前期水文站网的发展作了调整和补充，提出了不同时期的水文站网发展思路与发展策略。1956 年开展了基本站网规划，至 1965 年全国有各类水文测站 11877 处，其中水文站 2751 处；1964 年水文站网规划的重点为区域代表站，至 1976 年全国有各类水文测站 16103 处，其中水文站 2883 处；1977 年规划重点为小河站，至 1984 年全国有各类水文测站 21618 处，其中水文站 3396 处；1985 年为全面规划，包括了水质站网、地下水站网规划和站队结合与巡测规划，至1990年全国有各类水文测站35828处，其中包括水文站3265处、水质站2052处、地下水位站13670处。

进入21世纪，经过“十二五”“十三五”大江大河水文监测系统建设工程、水资源监测能力建设工程、省界断面水文监测站网建设、中小河流水文监测系统、国家地下水监测工程等多个专项建设，水文站网得到快速发展，水文测站数量大幅增加，目前逐步趋于稳定发展阶段。截至2021年底，按独立水文测站类别统计，全国水文部门共有各类水文测站119491处，其中国家基本水文站3293处、专用水文站4598处、水位站17485处、雨量站53239处、蒸发站9处、地下水站26699处、水质站9621处、墒情站4487处、实验站60处。向县级以上水行政主管部门报送信息的各类水文测站有70261处，可发布预报站2521处，可发布预警站2583处。如果按观测项目类别统计，全国水文部门共有流量站8793处、水位站23398处、泥沙站1685处、雨量站67755处、蒸发站1692处、地下水位站26740处、水质站10970处、墒情站5311处。我国水文站网密度达到中等发达国家水平，基本实现对全国大江大河和重要支流的全覆盖，实现对主要江河水文情势的有效控制，形成比较完善的水文站网监测体系。

## 二、全国水文人才队伍情况

1949年中华人民共和国成立时，全国水文职工仅有756人，1951年增至4208人。“大跃进”时期过后，1961年达17300人，1962年降至15500人，1965年回升到19500人。受“文革”影响，1972年降至17500人，1978年增至21600人；1988年增至28826人，为在职人员数量历史最高点。2000年降至25146人，2010年增至26366人。近年来，全国水文职工总数基本保持稳定。截至2021年底，全国水文部门共有从业人员69889人，其中在职人员25516人，委托观测员44373人。在职人员中专业技术人员占比约76%，其中具有高级职称和中级职称的人员逐步增多。水文技术队伍专业素质和创新能力的持续提升，为推动经济社会高质量发展提供了有力人才和智力支撑。

## 三、全国降水、蒸发、径流和湖库蓄水概况

2021年，全国降水量和径流深（径流量）比多年平均值偏多，蒸发量比多年平均值偏少。全国平均年降水量为691.6mm，比2020年减少2.1%，比多年平均值偏多7.4%；全国平均年蒸发量为1061.1mm，与2020年基本持平，比多年平均值偏少4.0%；全国地表径流量为28310.5亿$m^3$，折合年径流深为299.3mm，比2020年减少6.8%，比多年平均值偏多6.6%；全国728座大型水库和3797座中型水库的年末蓄水总量为4449.1亿$m^3$，比年初蓄水总量增加17.5亿$m^3$。全国有水文监测的73个湖泊年末蓄水总量为1464.8亿$m^3$，比年初蓄水总量增加12.0亿$m^3$。

## 四、全国地下水水位变化概况

2021年末与2020年同期相比，87.5%的浅层地下水站及85.5%的深层地下水站水

位呈稳定或上升态势。10个一级区浅层和深层地下水水位均呈稳定或上升态势；开展浅层地下水监测的29个主要平原及盆地中，28个平原及盆地浅层地下水水位呈稳定或上升态势，1个平原浅层地下水水位呈下降态势；开展深层地下水监测的23个主要平原及盆地中，20个平原及盆地深层地下水水位呈稳定或上升态势，3个盆地深层地下水水位呈下降态势；开展浅层地下水监测的11个重点区域及开展深层地下水监测的8个重点区域水位均呈稳定或上升态势。

## 五、全国泥沙和水生态概况

2021年，全国河流总输沙量比多年平均值偏少，主要河流泥沙代表水文站总输沙量为3.31亿t，比2020年输沙量减少28.8%，比多年平均值偏少77.2%。

2021年，在参与分析的全国147个生态流量保障目标控制断面中，有104个断面满足程度达到100%，有144个断面全年满足生态流量保障目标。在华北地区22条（个）河流湖泊开展生态补水后，补水河湖水面面积和有水河道长度均明显增加，与2021年1月相比，12月补水河湖水面面积增加24.0$km^2$，为1月的1.05倍；有水河道长度增加416.1km，为1月的1.21倍。

## 六、全国暴雨洪水及干旱情况

2021年，全国共出现42次强降雨过程，28省（自治区、直辖市）571条河流发生超警戒水位（流量）（以下简称超警）以上洪水，其中148条超保证水位（流量）（以下简称超保）、43条超历史记录，长江、黄河、海河、松辽、太湖等区域共发生12次编号洪水。松花江发生流域性较大洪水，黑龙江上游、海河区域卫河上游发生特大洪水，黄河、海河发生了1949年以来最严重的秋汛；有5个台风（含热带风暴）登陆我国。

2021年，珠江区降水及江河来水持续偏少，部分骨干水库蓄水严重不足，广东、福建、广西等省份发生了不同程度的旱情，其中广东东部东江和韩江流域遭遇60年来最严重的旱情。

## 七、主要江河冰凌概况

2021—2022年度，黄河、松花江和辽河整个凌汛期凌情形势平稳，未形成明显冰塞、冰坝和融冰洪水。2021年11—12月，黄河宁蒙河段、嫩江、松花江和辽河等河段相继封冻，首封日期较常年大部偏晚，凌情总体平稳；2022年1—4月，黄河、嫩江、松花江和辽河等封冻河流陆续开河（江），开河（江）日期较常年偏早。

尼洋河（廖敏涵　提供）

# 第一章
# 降　水

## 一、概述

2021 年，全国平均年降水量为 691.6mm，比 2020 年减少 2.1%，较多年平均值偏多 7.4%。自 2015 年以来，全国平均年降水量已连续 7 年高于多年平均值。

南方 4 区平均年降水量为 1197.2mm，与多年平均值基本持平，其中长江区偏多 6.7%，珠江区偏少 11.9%；北方 6 区平均年降水量为 405.7mm，较多年平均值偏多 23.2%，其中海河区偏多 59.1%，辽河区偏多 36.0%。

海河区、松花江区、西北诸河区部分代表站年降水量比多年平均值偏多超过 100%，其中有 57 个代表站的年降水量达到有观测记录以来的最大值，有些月份降水量甚至超过多年平均月降水量的 5 倍；而珠江区、东南诸河区、长江区部分代表站的年降水量却接近或达到有观测记录以来的最小值。

## 二、全国年降水量

2021 年，全国平均年降水量为 691.6mm，空间分布不均。全国 26.2%的面积年降水量小于 200mm，主要分布在西北诸河区的西部和北部；全国 13.4%的面积年降水量为 200～400mm，主要分布在西北诸河区的东部和南部、黄河区的鄂尔多斯及其周边；全国 25.6%的面积年降水量为 400～800mm，主要分布在西北诸河区的青海湖水系、西南诸河区北部、长江上游的金沙江段、黄河区西部和南部的部分地区、海河区西北部、辽河区西北部、松花江区大部分地区；全国 34.8%的面积年降水量超过 800mm，主要分布在辽河区东南部、海河区南部、黄河区下游、淮河区、长江（除金沙江段）及其以南地区、珠江区；全国 7.8%的面积年降水量超过 1600mm，主要分布在长江下游南岸、东南沿海、珠江中下游及海南岛。2021 年全国年降水量等值线见图 1-1。

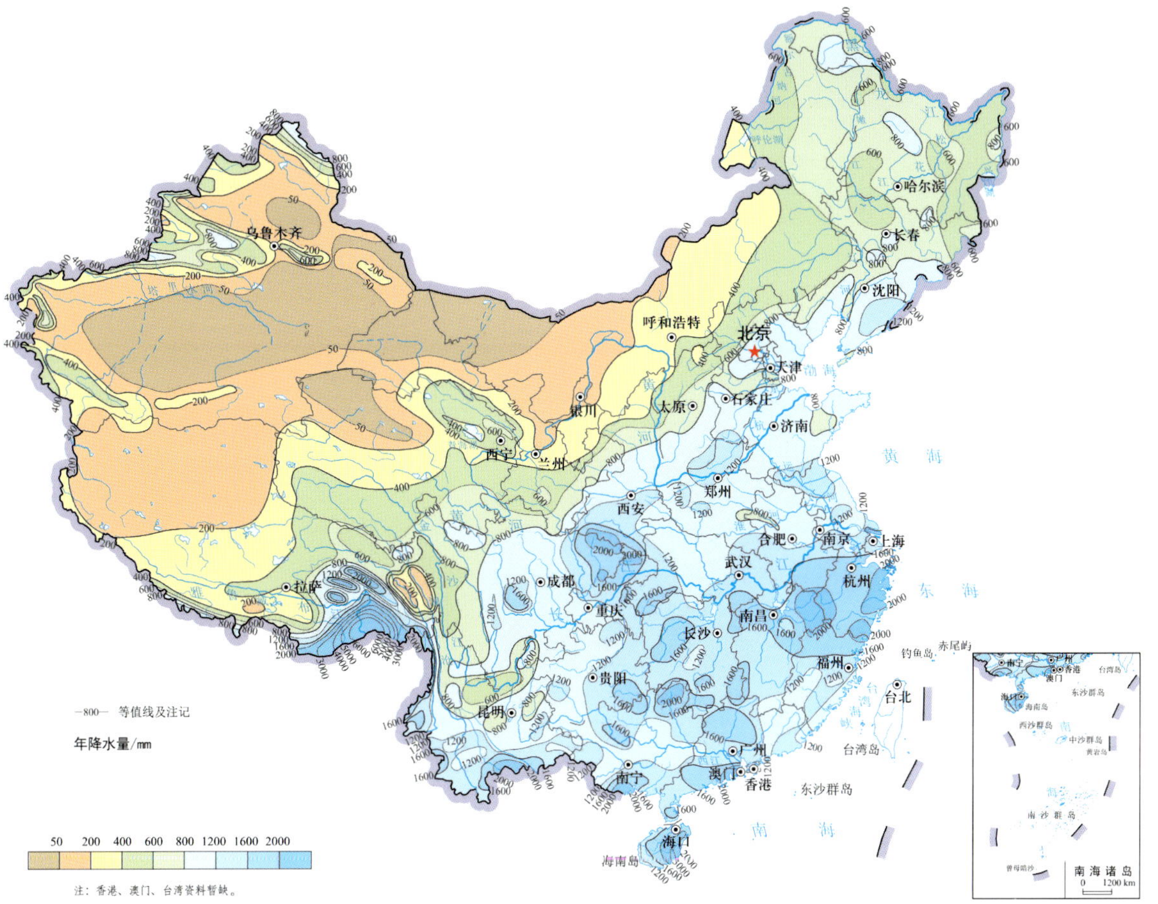


图 1-1　2021 年全国年降水量等值线

全国 64.4%的面积年降水量较多年平均值偏多，其中全国 12.5%的面积偏多 50%以上。降水量偏多较大的地区主要分布在西北诸河区西部和柴达木盆地局部、黄河区渭河和汾河的中下游及黄河干流下游、海河区的海河南系和徒骇马颊河、长江区嘉陵江和汉江的上游、松花江区的嫩江大部，其中海河区、松花江区、西北诸河区等区域局部地区偏多幅度甚至超过 100%。全国 35.6%的面积年降水量较多年平均值偏少，其中全国 3.7%的面积偏少 30%以上，主要分布在西北诸河区的中部和北部、黄河区河套地区、西南诸河区东南部、长江上游部分地区及赣江上中游和湘江中游、珠江区中部和东部。2021 年全国年降水量距平等值线见图 1-2。

2021 年，全国一级区之间年降水量差异较大，其中东南诸河区年降水量高达 1748.3mm，西北诸河区年降水量仅为 172.6mm。各一级区年降水量及其与 2020 年和多年平均值比较情况见表 1-1。

与 2020 年相比，2021 年海河区、辽河区、东南诸河区、黄河区、西北诸河区 5 个一级区年降水量增加，其中海河区、辽河区分别增加 51.8%和 23.2%；珠江区、长江区、西南诸河区、松花江区、淮河区 5 个一级区年降水量减少，其中珠江区、长江区分别减少 11.0%和 10.1%。

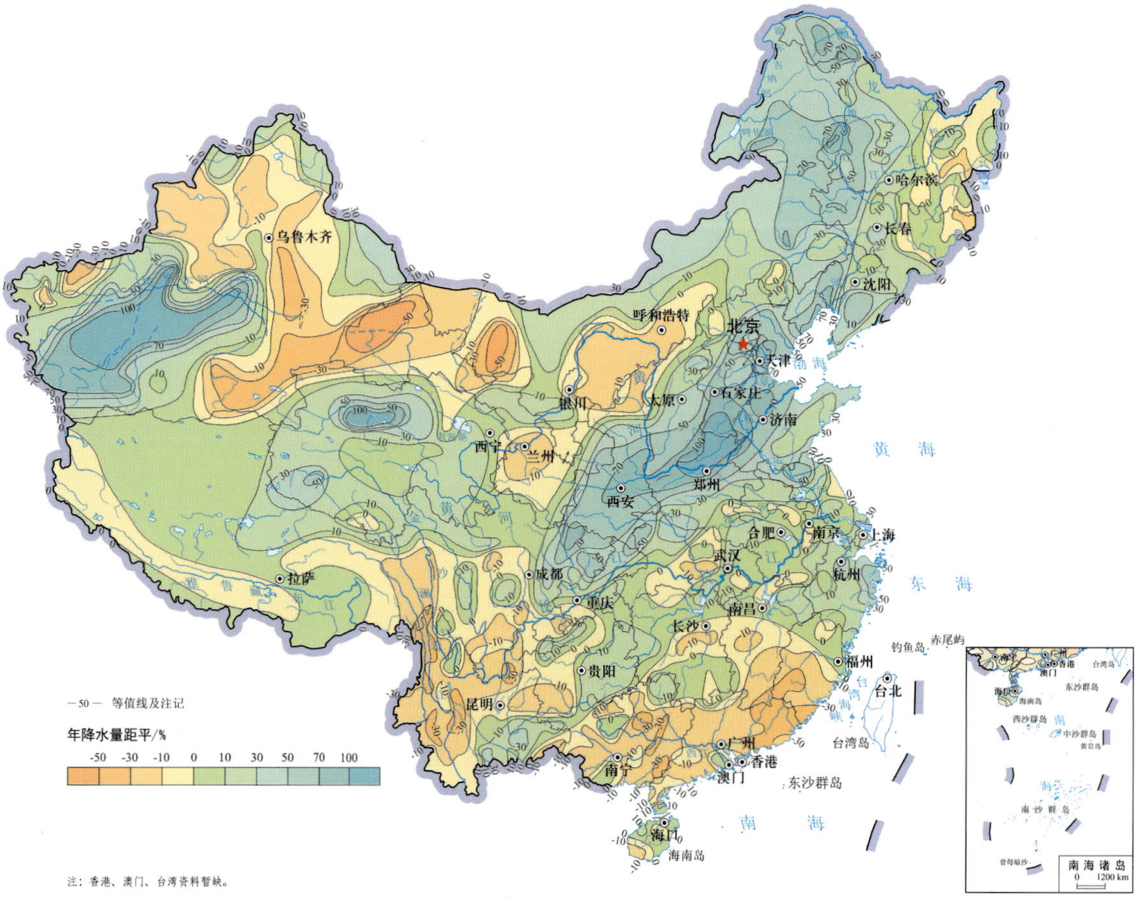


图 1-2　2021 年全国年降水量距平等值线

表 1-1　　2021 年一级区年降水量及其与 2020 年和多年平均值比较

| 一　级　区 | 年降水量 /mm | 与 2020 年比较 /% | 与多年平均值比较 /% |
|---|---|---|---|
| 全国 | 691.6 | -2.1 | 7.4 |
| 松花江区 | 633.3 | -2.5 | 26.3 |
| 辽河区 | 725.9 | 23.2 | 36.0 |
| 海河区 | 838.5 | 51.8 | 59.1 |
| 黄河区 | 555.0 | 9.4 | 22.7 |
| 其中：上游 | 401.7 | -13.6 | 1.4 |
| 中游 | 728.6 | 28.6 | 39.0 |
| 下游 | 1115.6 | 51.1 | 73.8 |
| 淮河区 | 1059.3 | -0.2 | 26.4 |
| 长江区 | 1152.8 | -10.1 | 6.7 |
| 其中：上游 | 929.5 | -5.9 | 5.4 |
| 中游 | 1434.5 | -11.9 | 7.1 |
| 下游 | 1390.8 | -19.4 | 11.3 |
| 太湖流域 | 1419.0 | -8.1 | 17.7 |

续表

| 一 级 区 | 年降水量<br>/mm | 与2020年比较<br>/% | 与多年平均值比较<br>/% |
|---|---|---|---|
| 东南诸河区 | 1748.3 | 10.5 | 4.0 |
| 珠江区 | 1371.1 | −11.0 | −11.9 |
| 西南诸河区 | 1036.0 | −5.1 | −5.1 |
| 西北诸河区 | 172.6 | 8.2 | 4.6 |

与多年平均值相比，2021年海河区、辽河区、淮河区、松花江区、黄河区、长江区、东南诸河区、西北诸河区8个一级区年降水量偏多，其中海河区、辽河区年降水量分别偏多59.1%和36.0%；珠江区、西南诸河区2个一级区年降水量偏少。

## 三、代表站降水量

综合考虑雨量站观测资料系列的长度与完整性、对所在一级区降水时空分布情况的代表性以及分布的均匀性，在各一级区共选定747个雨量站作为雨量代表站，分析其2021年年降水量及逐月降水过程，并与历史降水情况进行比较。统计2021年实测或调查的最大1h、6h、1d、3d、7d、15d、30d降水量情况。2021年全国雨量代表站年降水量及丰枯情势见图1-3。

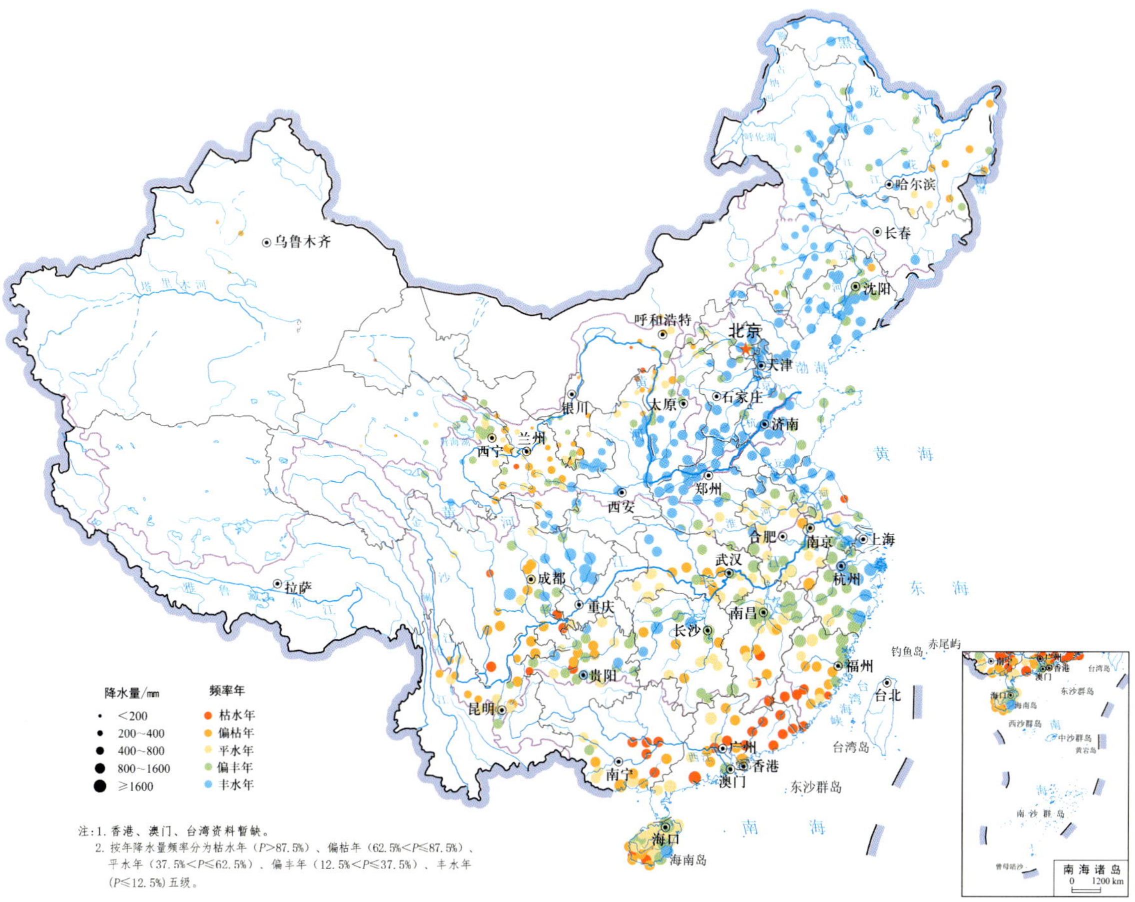


图1-3 2021年全国雨量代表站年降水量及丰枯情势

有 57 个站 2021 年降水量达到有观测记录以来的最大值，主要分布在海河区、辽河区、黄河区。海河区新村站，2021 年降水量为 1873.7mm，达到多年平均值的 2.9 倍，7 月、9 月、10 月降水量均达到同月份多年平均降水量的 5 倍以上，尤其是 7 月降水量（超过 1000mm）明显偏大；辽河区的辽阳站，2021 年降水量为 1193.2mm，较多年平均值偏多 66.6%，在近百年降水观测系列中排首位。珠江区、长江区等部分代表站年降水量接近或达到历史观测的最小值。珠江区的龙川站、东南诸河区的漳平站较多年平均值均偏少 30%以上，除 10 月、12 月外，其他各月降水量均低于多年平均值。部分雨量代表站 2021 年、2020 年及多年平均逐月降水过程见图 1－4。

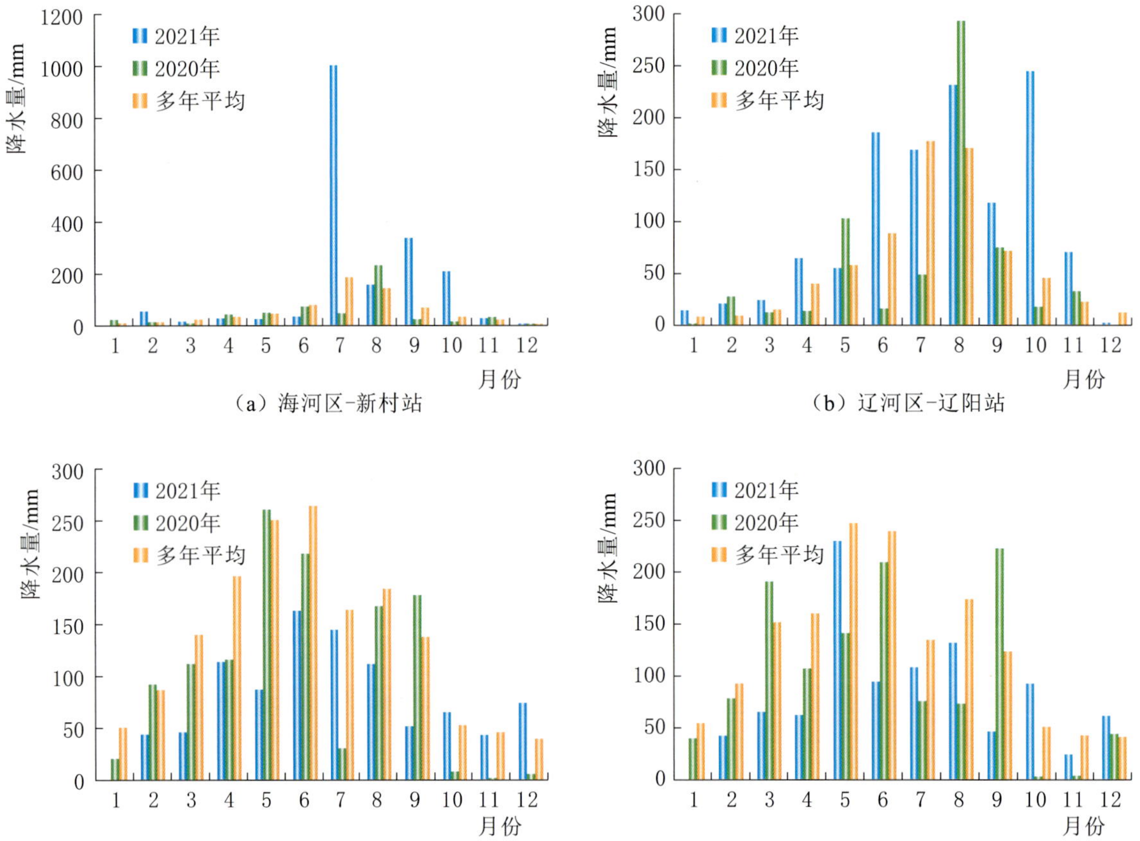


**图 1－4　部分雨量代表站 2021 年、2020 年及多年平均逐月降水过程**

2021 年，松花江区西北部代表站降水普遍偏多，东南部相对偏少，与多年平均值相比变化幅度为－16%～83%。代表站连续最大 4 个月降水量占全年降水量的比例为 51%～94%，多集中在 6—9 月，部分站点较多年平均提前到 5—8 月。松花江区 2021 年时段最大降水量见表 1－2。

2021 年，辽河区多数代表站降水偏多，与多年平均值相比变化幅度为－12%～97%。代表站连续最大 4 个月降水量占全年降水量的比例为 56%～94%，多集中在 6—9 月，部分站点集中在 7—10 月。辽河区 2021 年时段最大降水量见表 1－3。

表 1-2　　松花江区 2021 年时段最大降水量

| 历时 | 站名 | 降水量/mm | 水系 | 出现时间 | 出现地点 |
|---|---|---|---|---|---|
| 1h | 团山子 | 82.6 | 黑龙江干流 | 7月20日 | 黑龙江省黑河市瑷珲区 |
| 6h | 五道库 | 154.6 | 松花江 | 8月1日 | 黑龙江省伊春市美溪区 |
| 1d | | 178.6 | | 8月1日 | |
| 3d | 团山子 | 223.4 | 黑龙江干流 | 7月18日始 | 黑龙江省黑河市瑷珲区 |
| 7d | 石头沟 | 239.6 | 松花江 | 7月13日始 | 黑龙江省黑河市嫩江市 |
| 15d | 伊拉哈 | 322.0 | | 7月17日始 | |
| 30d | | 458.8 | | 7月13日始 | |

表 1-3　　辽河区 2021 年时段最大降水量

| 历时 | 站名 | 降水量/mm | 水系 | 出现时间 | 出现地点 |
|---|---|---|---|---|---|
| 1h | 三江口 | 111.0 | 辽河 | 8月23日 | 辽宁省铁岭市昌图县 |
| 6h | 荒地 | 234.9 | 沿渤海诸河 | 9月20日 | 辽宁省葫芦岛市绥中县 |
| 1d | 石灰窑 | 245.0 | 沿黄海诸河 | 7月13日 | 辽宁省鞍山市岫岩满族自治县 |
| 3d | | 293.0 | | 7月13日始 | |
| 7d | | 318.5 | | 7月13日始 | |
| 15d | 东山根 | 367.7 | 沿渤海诸河 | 9月19日始 | 辽宁省葫芦岛市绥中县 |
| 30d | 石灰窑 | 616.5 | 沿黄海诸河 | 7月12日始 | 辽宁省鞍山市岫岩满族自治县 |

2021 年，海河区大多数代表站降水偏多，与多年平均值相比变化幅度为－11%～214%。代表站连续最大 4 个月降水量占全年降水量的比例为 63%～96%，多集中在 6—9 月或 7—10 月，部分站点降水较多年平均有所推迟。海河区 2021 年时段最大降水量见表 1-4。

表 1-4　　海河区 2021 年时段最大降水量

| 历时 | 站名 | 降水量/mm | 水系 | 出现时间 | 出现地点 |
|---|---|---|---|---|---|
| 1h | 南宋庄 | 129.5 | 漳卫南运河 | 7月21日 | 河南省鹤壁市淇县 |
| 6h | 西街 | 359.0 | | 7月22日 | 河南省安阳市北关区 |
| 1d | 新村 | 614.5 | | 7月20日 | 河南省鹤壁市淇滨区 |
| 3d | 龙水梯 | 918.0 | | 7月18日始 | 河南省新乡市辉县市 |
| 7d | | 1162.5 | | 7月17日始 | |
| 15d | | 1399.0 | | 7月8日始 | |
| 30d | | 1481.5 | | 6月24日始 | |

2021 年，黄河上游大多数代表站降水偏少，中下游大多数代表站降水明显偏多，与多年平均值相比变化幅度在－61%～152%。代表站连续最大 4 个月降水量占全年降水量

的比例为 48%～95%，多集中在 6—9 月或 7—10 月，部分站点较多年平均提前到 5—8 月甚至更早（多数为降水量偏少站点）或推迟到 8—11 月。黄河区 2021 年时段最大降水量见表 1-5。

**表 1-5　　黄河区 2021 年时段最大降水量**

| 历　时 | 站　名 | 降水量 /mm | 水　系 | 出现时间 | 出 现 地 点 |
|---|---|---|---|---|---|
| 1h | 石庙 | 103.0 | 伊洛河 | 9 月 24 日 | 河南省洛阳市栾川县 |
| 6h | 鸣皋 | 267.2 | 伊洛河 | 7 月 20 日 | 河南省洛阳市伊川县 |
| 1d | 五云山 | 455.0 | 伊洛河至大汶河黄河干流 | 7 月 2 日 | 河南省郑州市上街区 |
| 3d | 环翠峪 | 854.0 | 伊洛河至大汶河黄河干流 | 7 月 18 日始 | 河南省郑州市荥阳市 |
| 7d | 逍遥水库 | 904.0 | 伊洛河至大汶河黄河干流 | 7 月 17 日始 | 河南省焦作市沁阳市 |
| 15d | 逍遥水库 | 1015.5 | 伊洛河至大汶河黄河干流 | 7 月 8 日始 | 河南省焦作市沁阳市 |
| 30d | 小关 | 1092.1 | 伊洛河至大汶河黄河干流 | 7 月 8 日始 | 河南省郑州市巩义市 |

2021 年，淮河区北部多数代表站降水明显偏多，南部部分代表站降水偏少，与多年平均值相比变化幅度为－36%～76%。代表站连续最大 4 个月降水量占全年降水量的比例多为 58%～84%，多集中在 5—8 月或 6—9 月，部分站点较多年平均提前到 4—7 月或推迟到 7—10 月。淮河区 2021 年时段最大降水量见表 1-6。

**表 1-6　　淮河区 2021 年时段最大降水量**

| 历　时 | 站　名 | 降水量 /mm | 水　系 | 出现时间 | 出 现 地 点 |
|---|---|---|---|---|---|
| 1h | 常庄 | 192.1 | 沙颍河 | 7 月 20 日 | 河南省郑州市二七区 |
| 6h | 尖岗 | 485.3 | 沙颍河 | 7 月 20 日 | 河南省郑州市二七区 |
| 1d | 尖岗 | 719.3 | 沙颍河 | 7 月 20 日 | 河南省郑州市二七区 |
| 3d | 尖岗 | 948.4 | 沙颍河 | 7 月 19 日始 | 河南省郑州市二七区 |
| 7d | 尖岗 | 1010.0 | 沙颍河 | 7 月 16 日始 | 河南省郑州市二七区 |
| 15d | 尖岗 | 1255.8 | 沙颍河 | 7 月 13 日始 | 河南省郑州市二七区 |
| 30d | 尖岗 | 1294.0 | 沙颍河 | 6 月 28 日始 | 河南省郑州市二七区 |

2021 年，长江上游多数代表站降水明显偏少，中下游部分代表站降水偏少、部分偏多，与多年平均值相比变化幅度为－25%～97%。代表站连续最大 4 个月降水量占全年降水量的比例为 49%～88%，多集中在 3—9 月，部分站点较多年平均推迟到 7—10 月。长江区 2021 年时段最大降水量见表 1-7。

2021 年，东南诸河区东北部代表站降水普遍偏多，西南部相对偏少，与多年平均值相比变化幅度为－42%～66%。代表站连续最大 4 个月降水量占全年降水量的比例为 52%～86%，多集中在 3—6 月或 5—8 月，部分站点较多年平均推迟到 7—10 月或 8—11 月（主要为降水量偏丰站点）。东南诸河区 2021 年时段最大降水量见表 1-8。

表 1-7　　长江区 2021 年时段最大降水量

| 历　时 | 站　名 | 降水量/mm | 水　系 | 出现时间 | 出 现 地 点 |
|---|---|---|---|---|---|
| 1h | 永兴 | 127.0 | 雅砻江 | 10 月 31 日 | 四川省攀枝花市盐边县 |
| 6h | 柳林店 | 439.0 | 汉江至鄱阳湖长江干流 | 8 月 12 日 | 湖北省随州市随县 |
| 1d | 黄堂垭 | 578.5 | 嘉陵江 | 9 月 15 日 | 四川省绵阳市江油市 |
| 3d | 安德铺 | 894.2 | 岷江 | 7 月 8 日始 | 四川省成都市郫都区 |
| 7d | | 996.9 | | 7 月 4 日始 | |
| 15d | | 1295.5 | | 7 月 3 日始 | |
| 30d | | 1573.9 | | 6 月 18 日始 | |

表 1-8　　东南诸河区 2021 年时段最大降水量

| 历　时 | 站　名 | 降水量/mm | 水　系 | 出现时间 | 出 现 地 点 |
|---|---|---|---|---|---|
| 1h | 东洋 | 116.0 | 浙东诸河 | 8 月 14 日 | 浙江省台州市临海市 |
| 6h | 砩头 | 245.0 | 浙南诸河 | 7 月 28 日 | 浙江省温州市乐清市 |
| 1d | 夏家岭 | 506.0 | 钱塘江 | 7 月 25 日 | 浙江省宁波市余姚市 |
| 3d | | 849.5 | | 7 月 23 日始 | |
| 7d | 梨洲 | 1005.5 | 浙东诸河 | 7 月 21 日始 | 浙江省宁波市余姚市 |
| 15d | | 1068.0 | | 7 月 20 日始 | |
| 30 | | 1487.5 | | 7 月 20 日始 | |

2021 年，珠江区西部、北部以及海南岛的部分代表站降水偏多，珠江区中部、东部及海南岛西南部多数代表站降水偏少，与多年平均值相比变化幅度为－42%～51%。代表站连续最大 4 个月降水量占全年降水量的比例为 49%～84%，多集中在 5—10 月，部分站点较多年平均提前到 4—7 月（主要为降水量偏少站点）。珠江区 2021 年时段最大降水量见表 1-9。

表 1-9　　珠江区 2021 年时段最大降水量

| 历　时 | 站　名 | 降水量/mm | 水　系 | 出现时间 | 出 现 地 点 |
|---|---|---|---|---|---|
| 1h | 翁田 | 160.0 | 海南岛诸河 | 7 月 18 日 | 海南省文昌市 |
| 6h | 白沙 | 395.0 | | 7 月 19 日 | 海南省白沙黎族自治县 |
| 1d | 尖峰岭 | 684.5 | | 7 月 17 日 | 海南省乐东黎族自治县 |
| 3d | 琼海 | 1057.0 | | 10 月 3 日始 | 海南省琼海市 |
| 7d | 东路 | 1337.5 | | 10 月 2 日始 | 海南省文昌市 |
| 15d | | 1845.5 | | 10 月 3 日始 | |
| 30d | | 2065.0 | | 9 月 18 日始 | |

2021 年，西北诸河区的青海湖周边及塔里木河流域部分代表站降水偏多，其他地区代表站降水多呈偏少态势，与多年平均值相比变化幅度为－41%～58%。代表站连续最大 4 个月降水量占全年降水量的比例为 51%～86%，多集中在 5—8 月或 6—9 月，部分站点较多年平均提前到 4—7 月。西北诸河区 2021 年时段最大降水量见表 1－10。

表 1－10　西北诸河区 2021 年时段最大降水量

| 历　时 | 站　名 | 降水量/mm | 水　系 | 出现时间 | 出现地点 |
|---|---|---|---|---|---|
| 1h | 祁连 | 35.4 | 河西走廊及阿拉善内流诸河 | 7 月 22 日 | 青海省海北藏族自治州祁连县 |
| 6h | 什卜太 | 57.3 | 内蒙古东部高原内流诸河 | 7 月 24 日 | 内蒙古自治区乌兰察布市四子王旗 |
| 1d | 白音乌拉 | 75.8 | | 7 月 25 日 | 内蒙古自治区锡林郭勒盟西乌珠穆沁旗 |
| 3d | 黑山头 | 84.8 | | 7 月 24 日始 | 内蒙古自治区赤峰市克什克腾旗 |
| 7d | 浩齐特庙 | 103.9 | | 6 月 24 日始 | 内蒙古自治区锡林郭勒盟西乌珠穆沁旗 |
| 15d | 黑山头 | 125.8 | | 7 月 12 日始 | 内蒙古自治区赤峰市克什克腾旗 |
| 30d | | 180.2 | | 6 月 27 日始 | |

扬帆太湖（陈甜　提供）

# 第二章 蒸　发

## 一、概述

2021 年，全国平均年蒸发量为 1061.1mm，与 2020 年基本持平，比多年平均值（1980—2000 年）偏少 4.0%。全国年蒸发量空间分布不均，最高值在内蒙古西北部，最低值出现在松花江区大兴安岭北部。西南、西北诸河区年蒸发量分别为 1453.3mm 和 1362.0mm，松花江区、辽河区分别为 542.4mm 和 730.6mm。与多年平均值相比，2021 年松花江、海河、辽河、黄河、淮河等一级区年蒸发量分别偏少 24.7%、21.5%、16.9%、10.5%、9.0%，西南诸河区偏多 27.3%，其他一级区基本持平。

2021 年，全国代表站（共 79 个）年蒸发量与 2020 年、多年平均值相比基本持平（±5%以内）的站点分别占 50.6%、21.2%，与 2020 年相比，变幅在 15%以上和−15%以下的站点占比分别为 4%和 5%，与多年平均值相比，变幅在 15%以上和−15%以下的站点占比为 7.6%和 22.8%。

## 二、全国年蒸发量

2021 年，全国平均年蒸发量为 1061.1mm，全国年蒸发量等值线见图 2－1。蒸发量在 800mm 以下的低值区面积占全国面积的 31.8%，主要分布在黑龙江流域、辽河东部、长江中部，其中长江中部蒸发量为 400～500mm，最低值在松花江大兴安岭北部，不足 400mm。蒸发量为 800～1200mm 的面积占全国面积的 37.4%，主要分布在辽河中部、海河区、淮河区、黄河中下游、三江源区、珠江中下游、东南诸河区、西南诸河区。蒸发量大于 1200mm 的高值区面积占全国面积的 30.8%，主要分布在西北诸河区的高原和盆地、青藏高原以及云南中西部的河谷地区。其中，内蒙古高原西部到阿拉善高原北部、新疆东北局部地区蒸发量高达 2400mm 以上，最高值（2600mm）出现在内蒙古西北部。

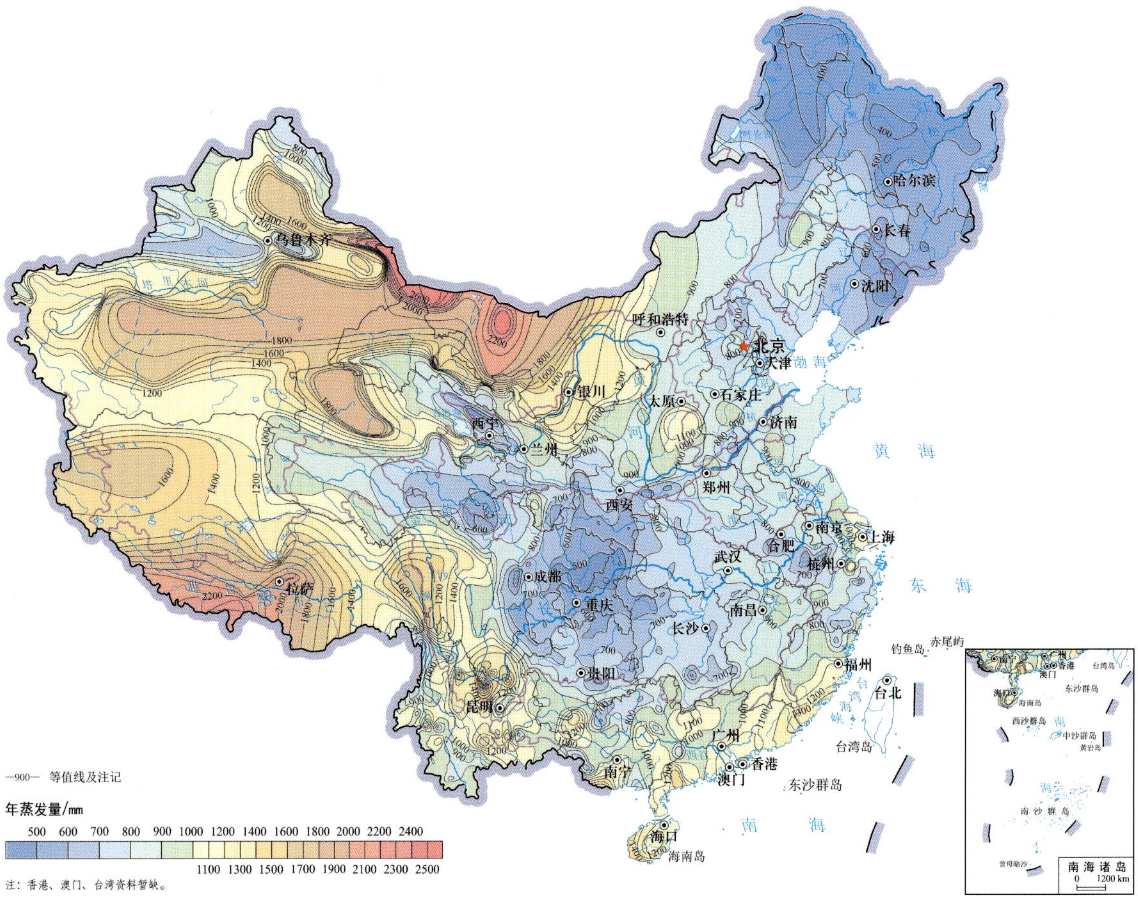


图 2-1 2021 年全国年蒸发量等值线

2021 年，全国一级区平均年蒸发量差异较大，西南诸河区、西北诸河区分别为 1453.3mm、1362.0mm，松花江区、辽河区分别为 542.4mm、730.6mm。与多年平均值相比，松花江、海河、辽河、黄河、淮河等一级区偏少，其中松花江区、海河区分别偏少 24.7%、21.5%，西南诸河区偏多 27.3%，其他一级区基本持平。2021 年一级区年蒸发量与多年平均值比较情况见表 2-1。

表 2-1 2021 年一级区年蒸发量与多年平均值比较情况

| 一 级 区 | 年蒸发量/mm | 与多年平均值比较/% |
|---|---|---|
| 全国 | 1061.1 | −4.0 |
| 松花江区 | 542.4 | −24.7 |
| 辽河区 | 730.6 | −16.9 |
| 海河区 | 839.1 | −21.5 |
| 黄河区 | 933.3 | −10.5 |

续表

| 一 级 区 | 年蒸发量/mm | 与多年平均值比较/% |
|---|---|---|
| 淮河区 | 844.2 | −9.0 |
| 长江区 | 834.5 | −0.7 |
| 其中：太湖流域 | 898.3 | 12.3 |
| 东南诸河区 | 912.8 | −0.6 |
| 珠江区 | 1026 | −1.6 |
| 西南诸河区 | 1453.3 | 27.3 |
| 西北诸河区 | 1362.0 | −5.4 |

## 三、代表站蒸发量

综合考虑蒸发站观测资料的完整性、对所在区域蒸发特征的代表性以及空间分布均匀性选定 79 个蒸发量代表站，分析其 2021 年蒸发量及逐月蒸发过程，并与历史蒸发情况分析比较。各一级区代表站数目见表 2-2。

表 2-2 2021 年一级区蒸发量代表站数目

| 一 级 区 | 代表站数目/个 | 一 级 区 | 代表站数目/个 |
|---|---|---|---|
| 全国 | 79 | 长江区 | 20 |
| 松花江区 | 6 | 其中：太湖流域 | 3 |
| 辽河区 | 4 | 东南诸河区 | 4 |
| 海河区 | 6 | 珠江区 | 7 |
| 黄河区 | 11 | 西南诸河区 | 3 |
| 淮河区 | 10 | 西北诸河区 | 8 |

2021 年，全国代表站蒸发量与 2020 年相比基本持平（±5%以内）的站点占 50.6%，变化在 5%～15%、−15%～−5%的站点占比分别为 26.5%、13.9%，变化在 15%以上和−15%以下的站点占比分别为 4%和 5%。长江区桃源站增加最多（24.0%）、淮河区丁后郢站减少最多（−21.5%）。全国代表站 2021 年蒸发量与 2020 年蒸发量比较见图 2-2。

2021 年，全国代表站蒸发量与多年平均值相比基本持平（±5%以内）的站点占 21.5%，变化在 5%～15%、−15%～−5%的站点占比分别为 15.2%、32.9%，变化在 15%以上和−15%以下的站点占比分别为 7.6%、22.8%。黄河区达家梁子站偏多 73.3%，珠江区南宁站偏多 31.3%，松花江区太平湖水库站偏少 43.4%，辽河区通辽站偏少 37.5%。全国代表站 2021 年蒸发量与多年平均值（建站至 2020 年）比较见图 2-3。

2021 年，松花江区代表站年蒸发量与 2020 年相比变化幅度为−20.9%～13.1%，其中太平湖水库站减少 20.9%，4 月、7 月分别减少 41mm 和 32mm，海拉尔站减少 15.6%。与

注：香港、澳门、台湾资料暂缺。

图 2-2 2021 年全国代表站蒸发量与 2020 年偏差百分比

注：香港、澳门、台湾资料暂缺。

图 2-3 2021 年全国代表站蒸发量与多年平均值（建站至 2020 年）偏差百分比

多年平均值相比变化幅度为－3.6％～－43.4％，太平湖水库站偏少43.4％，4—10月蒸发量偏少明显，其中6月偏少69mm，海拉尔站偏少29.8％，5—10月蒸发量偏少明显，其中5月偏少59mm。松花江区部分代表站2021年、2020年及多年平均逐月蒸发量见图2－4。

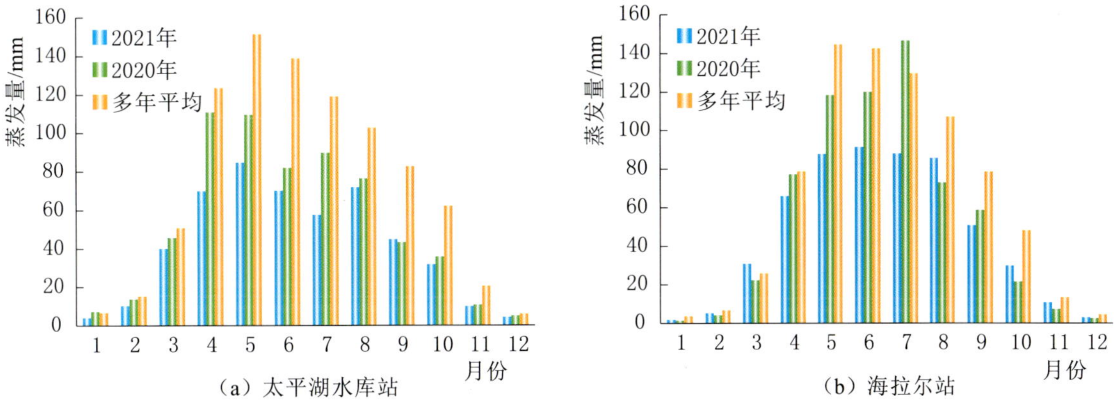


(a) 太平湖水库站　　(b) 海拉尔站

图2－4　松花江区部分代表站2021年、2020年及多年平均逐月蒸发量

2021年，辽河区代表站年蒸发量与2020年相比变化幅度为－3.2％～－10.6％。与多年平均值相比变化幅度为－11％～－37.5％，通辽站、叶柏寿站分别偏少37.5％、30.0％，4—10月蒸发量偏少明显，其中上述两站9月分别偏少56mm、45mm。辽河区部分代表站2021年、2020年及多年平均逐月蒸发量见图2－5。

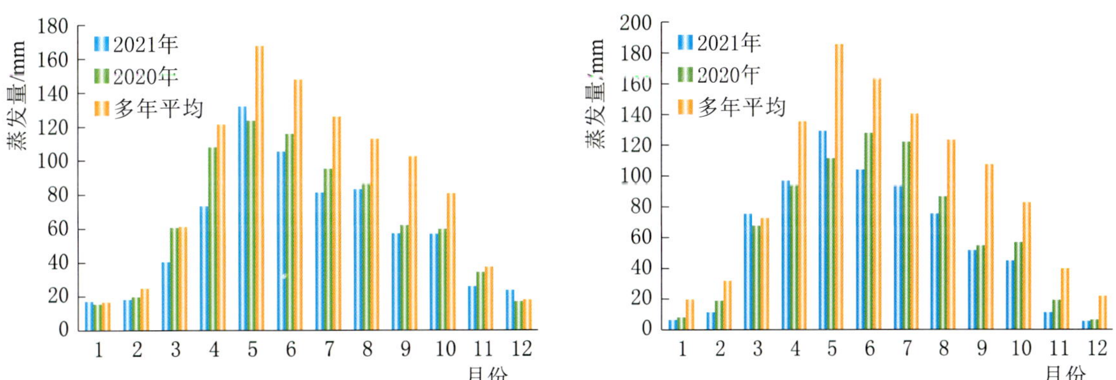


(a) 叶柏寿站　　(b) 通辽站

图2－5　辽河区部分代表站2021年、2020年及多年平均逐月蒸发量

2021年，海河区代表站年蒸发量与2020年相比变化幅度为－17.9％～2.0％，除潮白河苏庄站增多2.0％外，其余站均减少，其中滦河宽城站减少17.9％，7月减少43mm。与多年平均值相比变化幅度为－3.0％～－24.3％，其中于桥水库站偏少24.3％，7月、9月蒸发量均偏少40mm。海河区部分代表站2021年、2020年及多年平均逐月蒸发量见图2－6。

2021年，黄河区代表站年蒸发量与2020年相比变化幅度为－8.5％～14.8％，洮河水系碌曲站、红旗站分别增多14.8％、12.6％，汾河水库站减少8.5％。与多年平均值相比变化幅度为－26.6％～73.3％，达家梁子站偏多73.3％，甘肃郭城驿站偏多14.2％，其他站点均偏少。达家梁子站1—3月、5—8月偏多明显，1月、2月和7月分

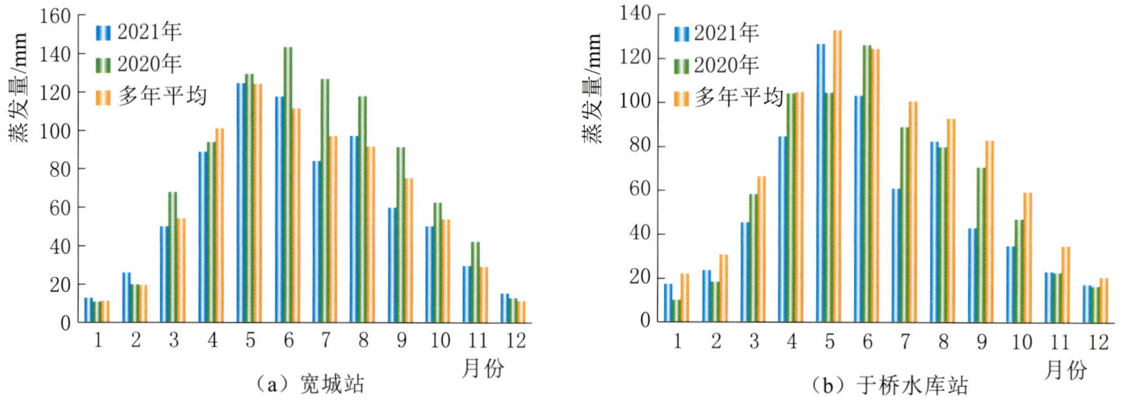


图 2-6 海河区部分代表站 2021 年、2020 年及多年平均逐月蒸发量

别偏多 140%、280%和 100%。泾河张家山站年蒸发量偏少 26.6%，3—4 月、5—8 月偏少明显。黄河区部分代表站 2021 年、2020 年及多年平均逐月蒸发量见图 2-7。

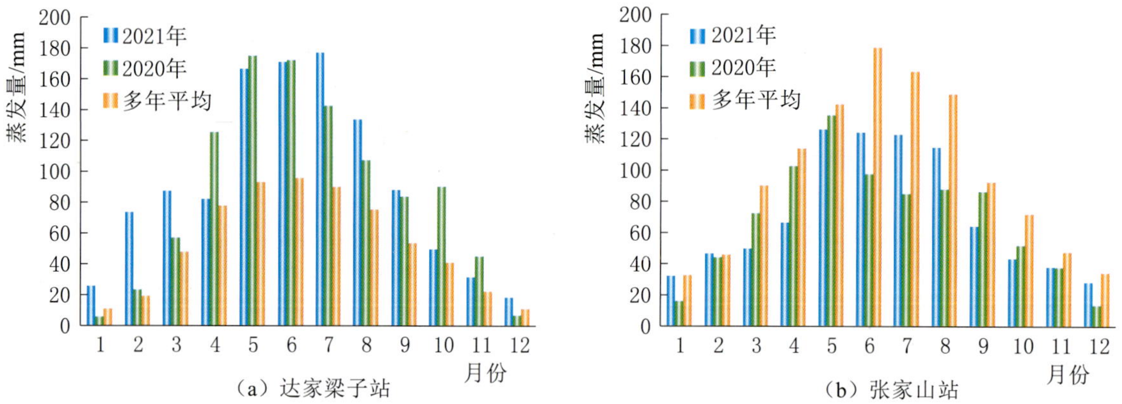


图 2-7 黄河区部分代表站 2021 年、2020 年及多年平均逐月蒸发量

2021 年，淮河区代表站年蒸发量与 2020 年相比变化幅度为－21.5%～12.4%。丁后郢站减少 21.5%，8 月、9 月减少 44mm、40mm。其他站基本持平。与多年平均值相比变化幅度为－32.4%～7.2%，南湾站偏少 32.4%，7 月偏少 58mm。丁后郢站、日照水库站分别偏少 20.1%和 11.3%。其他站变化不大。淮河区部分代表站 2021 年、2020 年及多年平均逐月蒸发量见图 2-8。

2021 年，长江区代表站年蒸发量与 2020 年相比变化幅度为－4.5%～24.0%。沅江水系桃源站增多 24.0%，6 月、7 月、9 月增加较多，9 月增多 120%。长江区四川、江苏境内代表站基本持平。与多年平均值相比变化幅度为－25.3%～17.4%。长江干流以南代表站年蒸发量偏少，云南七星桥站偏少 25.3%，4 月偏少约 49mm。长江以北代表站除雅砻江泸宁站偏少 12.1%外，其余站偏多。长江区部分代表站 2021 年、2020 年及多年平均逐月蒸发量见图 2-9。

2021 年，东南诸河区代表站年蒸发量与 2020 年相比变化幅度为－2.4%～5.7%。屯溪站增多 5.7%。与多年平均值相比变化幅度为－6.9%～9.1%，屯溪站偏少 6.9%。东南诸河区代表站（屯溪站）2021 年、2020 年及多年平均逐月蒸发量见图 2-10。

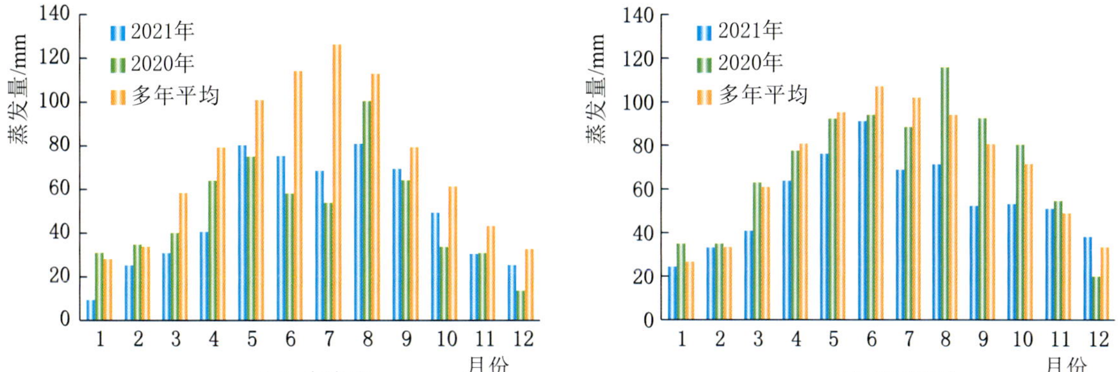


（a）南湾站　　（b）丁后郢站

**图 2－8　淮河区部分代表站 2021 年、2020 年及多年平均逐月蒸发量**

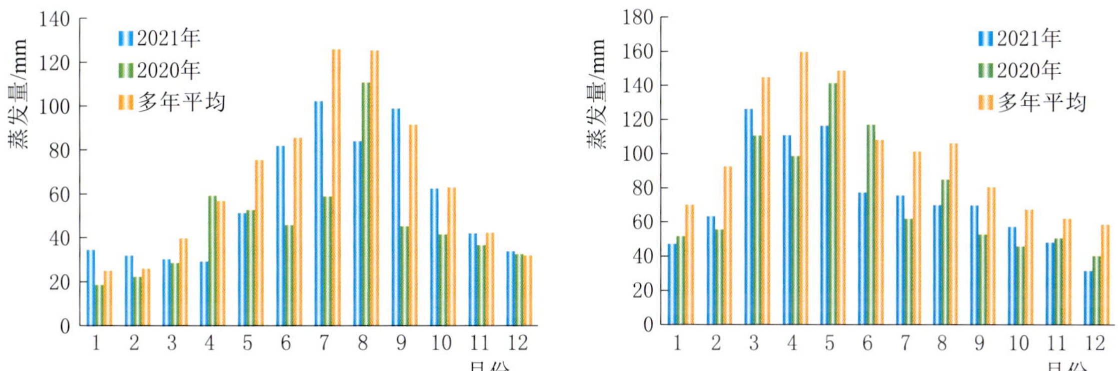


（a）桃源站　　（b）七星桥站

**图 2－9　长江区部分代表站 2021 年、2020 年及多年平均逐月蒸发量**

2021 年，珠江区代表站年蒸发量与 2020 年相比变化幅度为－4.7%～13.2%，珠江三角洲马口站、柳江荔波站分别增多 13.2%和 7.4%，其他站基本持平。与多年平均值相比变化幅度为 1.3%～31.3%，其中南宁站偏多 31.3%，1 月、2 月和 7 月分别偏多 90%、70%和 40%，西江上游西桥站、粤西沿海诸河缸瓦窑站基本持平。珠江区代表站（南宁站）2021 年、2020 年及多年平均逐月蒸发量见图 2－11。

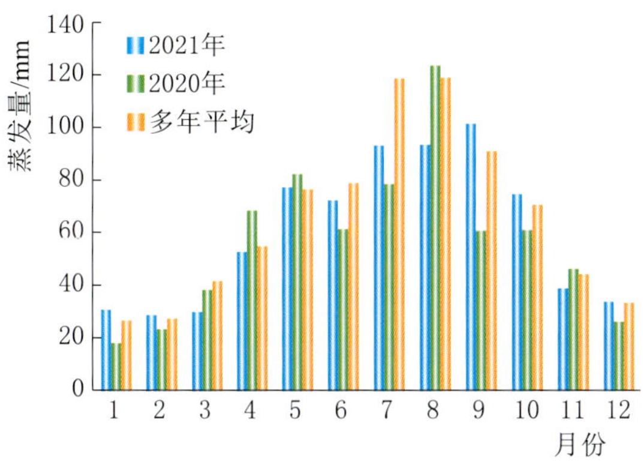


**图 2－10　东南诸河区代表站（屯溪站）2021 年、2020 年及多年平均逐月蒸发量**

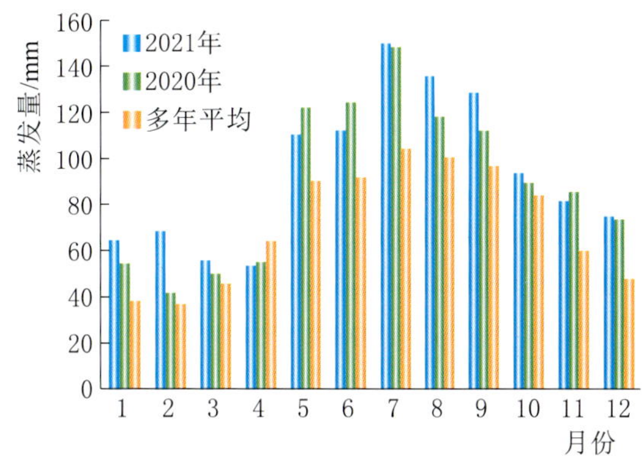


**图 2－11　珠江区代表站（南宁站）2021 年、2020 年及多年平均逐月蒸发量**

2021 年，西南诸河区代表站年蒸发量与 2020 年相比基本持平。与多年平均值相比，太平关站偏多 13.9%，怒江道街坝站偏多 9.4%，盏西站偏少 6.8%。西南诸河区代表站（太平关站）2021 年、2020 年及多年平均逐月蒸发量见图 2-12。

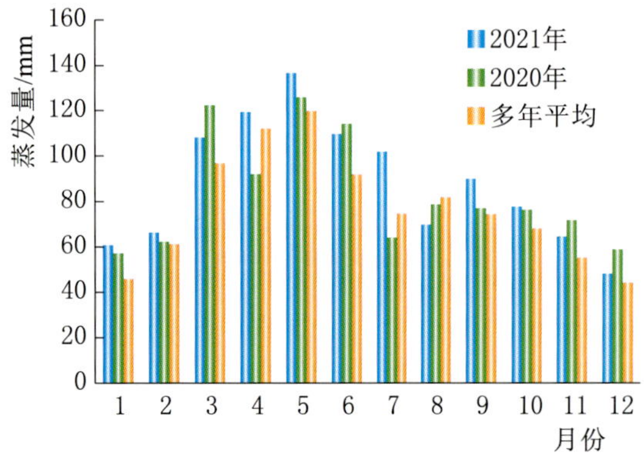


图 2-12　西南诸河区代表站（太平关站）2021 年、2020 年及多年平均逐月蒸发量

2021 年，西北诸河区代表站年蒸发量与 2020 年相比变化幅度为-3%～20.8%。布哈河口站增多 20.8%，1 月、7 月分别增多 20mm、42mm，其他站基本持平。与多年平均值相比变化幅度为-33%～22%，叶尔羌河卡群站、格尔木河格尔木站偏多 22%、5.7%，其余站偏少。疏勒河昌马堡站偏少 33%，3—12 月偏少明显，6 月偏少 95mm。卡群站 5—7 月偏多明显，7 月偏多 35mm。西北诸河区部分代表站 2021 年、2020 年及多年平均逐月蒸发量见图 2-13。

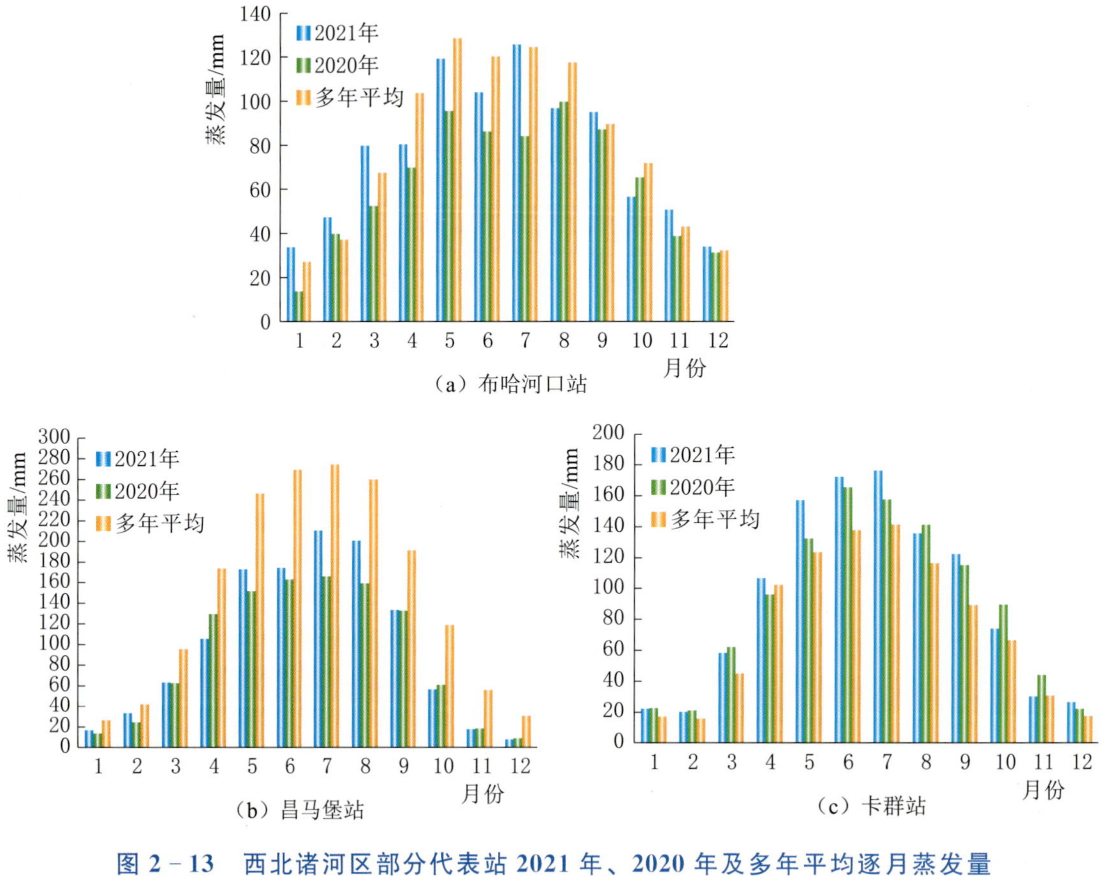


图 2-13　西北诸河区部分代表站 2021 年、2020 年及多年平均逐月蒸发量

黄河源（龙虎　摄）

# 第三章
# 径　流

## 一、概述

2021 年，全国地表水径流量为 28310.5 亿 $m^3$，折合径流深为 299.3mm，比 2020 年减少 6.8%，比多年平均值偏多 6.6%。

全国大部分代表站实测径流量集中在 7—10 月，洞庭湖水系径流量集中在 4—7 月，西北诸河区集中在 5—9 月。其中，松花江和黄河下游代表站均比多年平均偏多 100%以上，海河区代表站（除永定河代表站外）偏多 63%～245%，淮河区代表站蚌埠（吴家渡）站偏多约 54%，珠江区代表站梧州站偏少 31%。

## 二、分区径流量

2021 年，一级区年径流量（深）与 2020 年和多年平均值比较见图 3-1 和表 3-1。

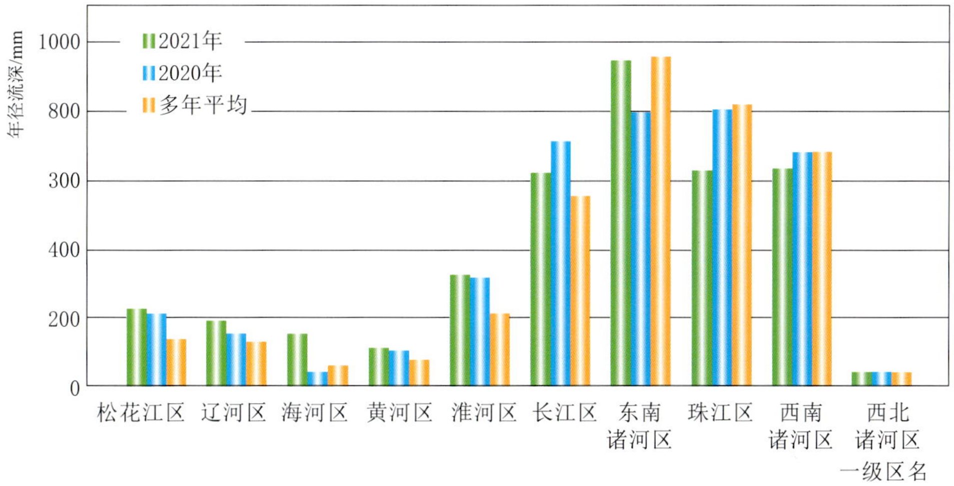


图 3-1　2021 年一级区年径流深与 2020 年和多年平均值比较

表 3-1　　2021 年一级区年径流量（深）及其与 2020 年和多年平均值比较

| 一 级 区 | 径流量 /亿 $m^3$ | 径流深 /mm | 与 2020 年比较 /% | 与多年平均值比较 /% |
|---|---|---|---|---|
| 全国 | 28310.5 | 299.3 | −6.8 | 6.6 |
| 松花江区 | 2043.3 | 221.8 | 6.1 | 63.6 |
| 辽河区 | 584.8 | 186.2 | 24.4 | 48.7 |
| 海河区 | 473.2 | 148.1 | 289.8 | 176.1 |
| 黄河区 | 860.0 | 108.1 | 7.8 | 47.4 |
| 其中：上游 | 389.8 | 100.6 | −30.1 | 12.4 |
| 中游 | 408.8 | 118.9 | 92.8 | 95.1 |
| 下游 | 60.0 | 267.5 | 124.2 | 144.2 |
| 淮河区 | 1064.4 | 321.7 | 2.1 | 54.5 |
| 长江区 | 11079.0 | 621.1 | −13.0 | 13.3 |
| 其中：上游 | 5003.5 | 508.5 | −10.0 | 13.2 |
| 中游 | 5262.5 | 780.1 | −12.7 | 11.7 |
| 下游 | 813.0 | 650.0 | −29.6 | 26.3 |
| 太湖流域 | 250.5 | 675.3 | −14.3 | 43.3 |
| 东南诸河区 | 1981.0 | 947.4 | 19.0 | −1.4 |
| 珠江区 | 3625.7 | 627.4 | −22.1 | −23.3 |
| 西南诸河区 | 5351.8 | 632.2 | −6.9 | −7.0 |
| 西北诸河区 | 1247.5 | 37.1 | 2.8 | 3.3 |

与 2020 年相比，黄河、海河、淮河、松花江、辽河、东南诸河、西北诸河等 7 个一级区径流量偏多，其中松花江、辽河、海河、黄河和东南诸河等一级区分别偏多 6.1%、24.4%、289.8%、7.8% 和 19.0%；长江、珠江、西南诸河等一级区分别偏少 13%、22.1% 和 6.9%。

与多年平均值相比，2021 年北方区年径流量偏多 46.1%，南方区年径流量偏少 1.0%。长江、黄河、海河、淮河、松花江、辽河、西北诸河等 7 个一级区年径流量比多年平均值偏多，其中松花江、辽河、海河、黄河、淮河和长江区分别偏多 63.6%、48.7%、176.1%、47.4%、54.5% 和 13.3%；东南诸河、珠江和西南诸河区分别偏少 1.4%、23.3% 和 7.0%。

## 三、代表站径流量

### （一）全国代表站径流量

综合考虑流量观测资料系列的长度与完整性、代表性，在各一级区选定全国大江大河 456 处国家基本水文站进行实测径流量分析，选择其中 178 处国家基本水文站进行天然径流量分析计算。全国主要河流代表站实测和天然径流量见表 3-2。

**表 3-2　　全国主要河流代表站实测与天然径流量**

| 一级区 | 河　流 | 站　名 | 集水面积/万 $km^2$ | 实测年径流量/亿 $m^3$ | | | 天然年径流量/亿 $m^3$ | | |
|---|---|---|---|---|---|---|---|---|---|
| | | | | 2021 年 | 2020 年 | 多年平均 | 2021 年 | 2020 年 | 多年平均 |
| 松花江区 | 松花江 | 哈尔滨 | 38.98 | 826.9 | 601.2 | 404.7 | 860.2 | 662.5 | 440.1 |
| | 嫩江 | 江桥 | 16.26 | 524.9 | 332.8 | 203.4 | 535.8 | 365.1 | 215.7 |
| | 第二松花江 | 扶余 | 7.18 | 187.9 | 189.1 | 147.4 | 187.9 | 189.1 | 147.4 |
| 辽河区 | 辽河 | 铁岭 | 12.08 | 35.88 | 30.13 | 27.93 | 42.59 | 35.86 | 34.21 |
| | 辽河 | 巴林桥 | 1.12 | 3.00 | 2.32 | 5.12 | 3.37 | 2.62 | 5.26 |
| | 浑河 | 邢家窝棚 | 1.11 | 22.28 | 20.43 | 19.62 | 31.26 | 32.93 | 26.33 |
| 海河区 | 滦河 | 滦县 | 4.41 | 46.97 | 9.87 | 28.77 | 70.08 | 17.61 | 36.15 |
| | 潮白河 | 张家坟 | 0.85 | 7.948 | 3.07 | 4.46 | 8.11 | 2.92 | 4.37 |
| | 永定河 | 石匣里 | 2.36 | 2.4 | 1.91 | 3.63 | 3.06 | 2.26 | 7.75 |
| | 漳河 | 观台 | 1.78 | 26.31 | 0.55 | 7.84 | 28.10 | 2.90 | 13.89 |
| | 卫河 | 元村集 | 1.43 | 46.86 | 2.71 | 14.87 | 69.45 | 7.11 | 13.62 |
| 黄河区 | 黄河 | 利津 | 75.19 | 441.1 | 359.6 | 275.1 | 759.4 | 717.6 | 490.0 |
| | 黄河 | 花园口 | 73.00 | 509.7 | 487.1 | 355.1 | 730.7 | 720.1 | 484.2 |
| | 黄河 | 兰州 | 22.26 | 353.1 | 504.5 | 305.0 | 355.4 | 527.6 | 324.0 |
| | 黄河 | 头道拐 | 36.79 | 222.1 | 369.8 | 205.2 | 336.8 | 506.6 | 307.4 |
| | 湟水大通河 | 民和 | 1.53 | 18.90 | 26.07 | 15.82 | 25.12 | 29.54 | 21.01 |
| | 渭河 | 华县 | 10.65 | 132.0 | 88.5 | 65.05 | 160.2 | 114.7 | 78.13 |
| | 北洛河 | 洑头 | 2.56 | 11.90 | 5.68 | 7.99 | 14.69 | 6.56 | 8.62 |
| | 伊洛河 | 黑石关 | 1.86 | 57.88 | 13.82 | 24.53 | 66.84 | 22.51 | 27.16 |
| 淮河区 | 淮河 | 蚌埠（吴家渡） | 12.13 | 397.7 | 379.2 | 257.7 | 408.8 | 469.4 | 302.7 |
| | 淮河 | 鲁台子 | 8.86 | 325.4 | 305.8 | 205.1 | 333.4 | 342.8 | 251.2 |
| | 淮河 | 王家坝 | 3.06 | 109.5 | 110.1 | 87.76 | 110.4 | 121.3 | 103.8 |
| | 淮河 | 息县 | 1.02 | 38.26 | 39.71 | 35.66 | 40.54 | 49.86 | 40.06 |
| | 史灌河 | 蒋家集 | 0.59 | 37.19 | 45.74 | 19.36 | 48.85 | 66.17 | 33.59 |
| | 沂河 | 临沂 | 1.03 | 29.73 | 38.05 | 19.57 | 26.70 | 34.44 | 25.97 |
| 长江区 | 长江 | 大通 | 170.54 | 9646 | 11180 | 8983[△] | 10450 | 11944 | 9454 |
| | 长江 | 宜昌 | 100.55 | 4723 | 5442 | 4330[△] | 5093 | 5726 | 4403 |
| | 长江 | 向家坝 | 45.88 | 1229 | 1586 | 1425[○] | 1441 | 1681 | 1450 |
| | 岷江 | 高场 | 13.54 | 816.7 | 1086 | 847.9[○] | 853.4 | 1119 | 896.6 |
| | 乌江 | 武隆 | 8.30 | 517.4 | 666.8 | 485.6[○] | 523.1 | 716.1 | 502.4 |
| | 嘉陵江 | 北碚 | 15.67 | 1101 | 886.7 | 657.4[○] | 1166 | 935.5 | 680.4 |
| | 鄱阳湖 | 湖口 | 16.22 | 1361 | 1547 | 1518[△] | 1473 | 1657 | 1573 |
| 东南诸河区 | 钱塘江 | 兰溪 | 1.82 | 199.3 | 203.6 | 175.0[*] | 212.5 | 218.5 | 182.5 |
| | 闽江 | 竹岐 | 5.45 | 377.0 | 413.1 | 531.4 | 378.4 | 413.1 | 534.4 |
| 珠江区 | 西江 | 梧州 | 32.70 | 1379 | 2057 | 2017 | 1381 | 2121 | 2110 |
| | 西江 | 小龙潭 | 1.54 | 16.14 | 14.16 | 35.75 | 20.27 | 18.44 | 38.61 |
| | 西江 | 迁江 | 12.89 | 448.9 | 609.8 | 643.8 | 455.4 | 681.5 | 661.7 |
| | 柳江 | 柳州 | 4.54 | 370.2 | 550.1 | 393.4 | 377.3 | 552.2 | 403.3 |

续表

| 一级区 | 河　流 | 站　名 | 集水面积/万 km² | 实测年径流量/亿 m³ | | | 天然年径流量/亿 m³ | | |
|---|---|---|---|---|---|---|---|---|---|
| | | | | 2021 年 | 2020 年 | 多年平均 | 2021 年 | 2020 年 | 多年平均 |
| 西北诸河区 | 疏勒河 | 昌马堡 | 1.10 | 14.03 | 12.25 | 10.28 | 14.03 | 12.24 | 10.28 |
| | 黑河 | 莺落峡 | 1.00 | 17.42 | 19.83 | 16.57 | 17.42 | 19.83 | 16.57 |
| | 格尔木河 | 格尔木 | 1.96 | 9.82 | 11.04 | 7.79 | 10.22 | 12.21 | 7.952 |
| | 阿克苏河 | 西大桥 | 4.35 | 68.91 | 64.39 | 62.52 | 68.91 | 64.39 | 62.52 |
| | 开都河 | 焉耆 | 2.25 | 28.25 | 26.13 | 24.63 | 28.25 | 26.13 | 24.63 |
| | 车尔臣河 | 且末 | 2.68 | 6.63 | 7.21 | 6.08* | 6.63 | 7.21 | 6.08* |

**注**　表中＊为 1980—2016 年系列平均值，△为 1950—2020 年系列平均值，○为 1956—2020 年系列平均值，未标注符号的为 1956—2016 年系列。

1. 实测径流量

全国代表站实测径流量与 2020 年比较见图 3－2。与 2020 年实测径流量相比，全国大部分区域实测径流量偏少，存在两个明显偏多的区域。一是松花江上游、西辽河上游、海河、黄河中游支流、淮河上游、汉江区域，二是浙江沿海诸河南部区域。全国其他区域实测径流量比 2020 年总体偏少，松花江下游、黄河上游和珠江区偏少显著。其中，松

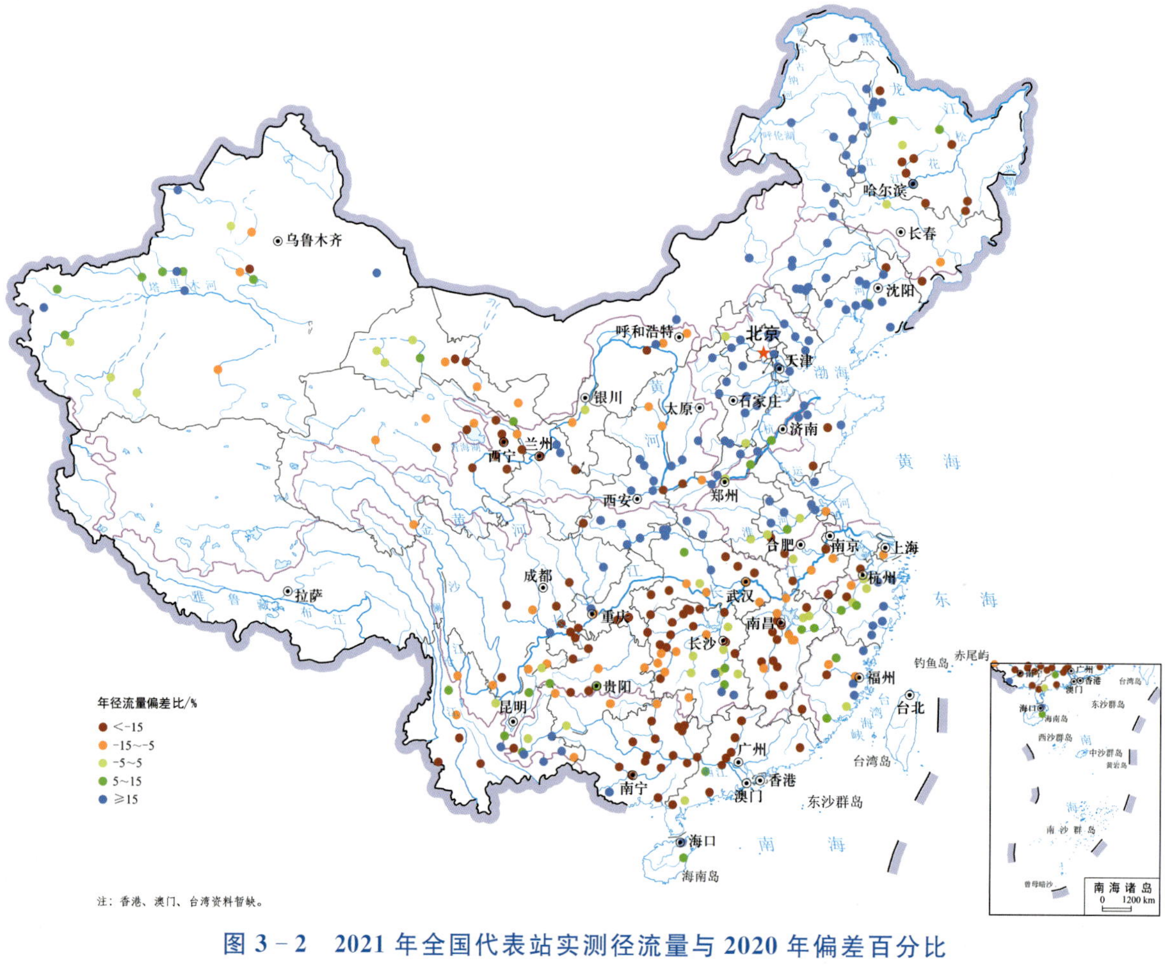


图 3－2　2021 年全国代表站实测径流量与 2020 年偏差百分比

花江上游代表站实测径流量增加 58%～118%，海河区代表站（除永定河）增加 80%～619%，黄河干流利津站增加 23%，黄河支流渭河、北洛河、汾河和伊洛河增加 49%～319%，淮河支流史河和沂河分别增加 568%和 98%；珠江区西江梧州站减少 33%，北江石角站偏少 36%，东江河源站减少 46%，韩江横山站减少 48%。

全国代表站实测径流量与多年平均值比较见图 3－3。与多年平均实测径流量相比，全国大部分区域的实测径流量总体偏多，存在两个显著的丰水区域和两个显著的枯水区域。丰水区域，一是松花江中上游区域，二是海河南系诸河及潮白河、黄河中下游干流及附近支流、淮河中下游区域；枯水区域，一是黄河中游内蒙古段及无定河流域、海河北系诸河（除潮白河）、西辽河上游区域，二是珠江、东南诸河浙闽区域中部及西南部。全国其他区域，包括松花江下游、辽河区中下游、黄河上游、长江区、太湖流域以及西南西北诸河区，呈现较多年平均实测径流量略偏多的趋势。其中，松花江哈尔滨站断面以上各代表站比多年平均偏多 92%～221%，黄河干流下游利津站比多年平均偏多 60%以上，海河区代表站（除永定河代表站外）偏多 63%～245%，淮河区代表站蚌埠（吴家渡）站偏多约 54%，珠江区代表站梧州站偏少 31%。

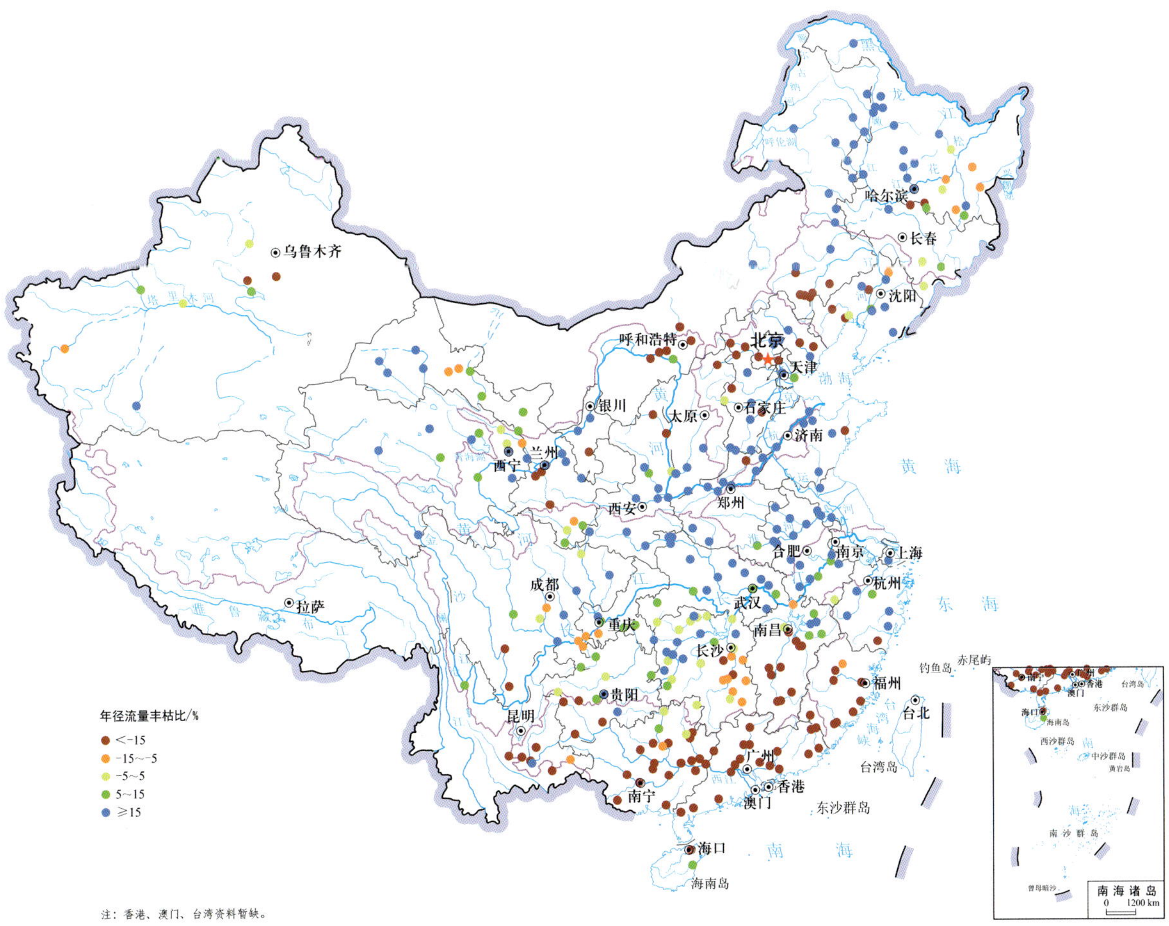


图 3－3　2021 年全国代表站实测径流量距平

2. 天然径流量

全国代表站天然径流量与2020年比较见图3－4。松花江上游、辽河、海河、黄河中游、汉江上游等区域天然径流量较2020年显著偏多，第二松花江流域、长江、珠江大部分区域天然径流量较2020年显著偏少。西北诸河中，塔里木河流域及以南区域天然径流量较2020年略为偏多，开都河及其以北区域略为偏少。其中，松花江哈尔滨站天然径流量增加30%，辽河铁岭站增加19%，海河区主要代表站增加35%～877%，黄河上游兰州站减少33%，珠江梧州站减少35%。

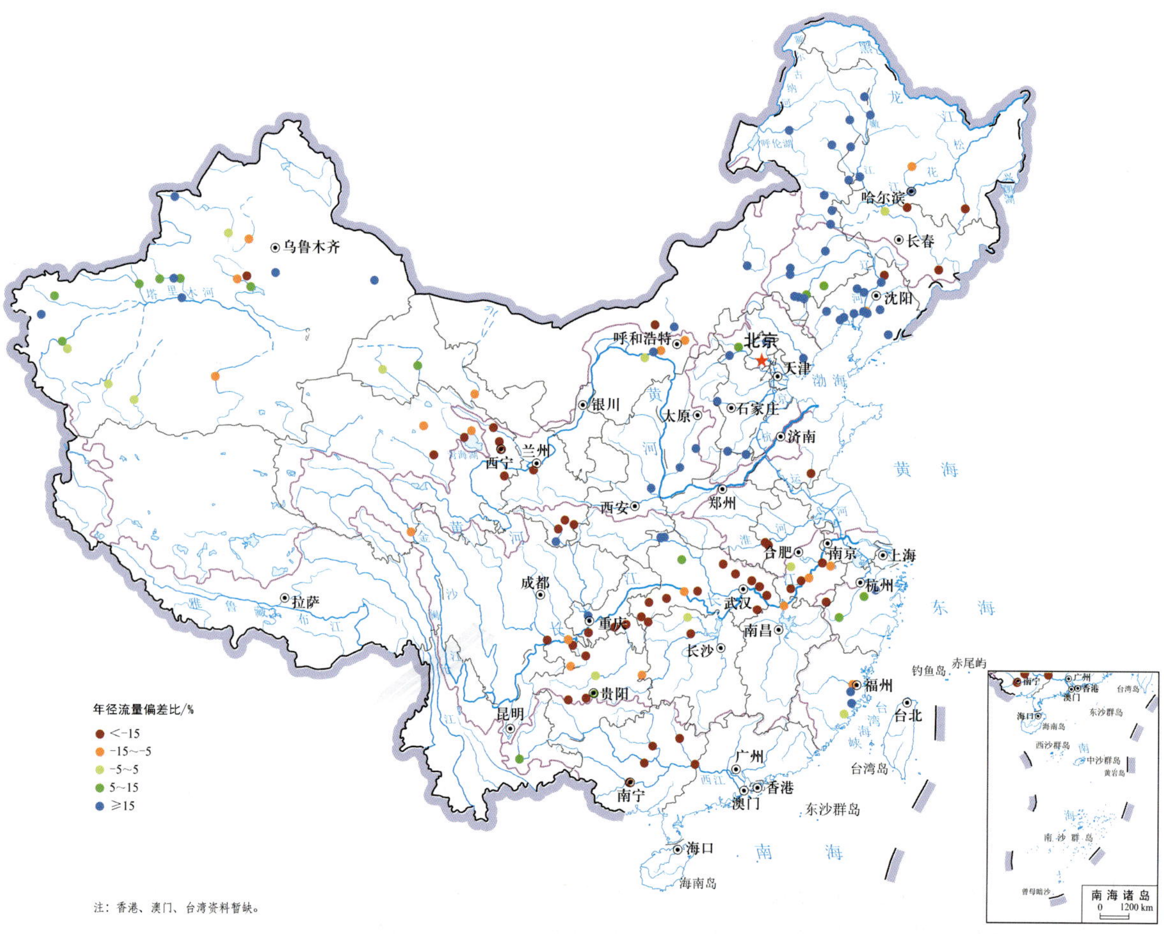


**图3－4　2021年全国代表站天然径流量与2020年偏差百分比**

全国代表站天然径流量与多年平均值比较见图3－5。松花江、辽河下游、黄河中下游、长江下游北部的天然径流量较多年平均值总体偏多，辽河上游、黄河中游内蒙古段以及珠江区大部分天然径流量较多年平均值显著偏少。其中，松花江哈尔滨站比多年平均值偏多91%，辽河铁岭站偏多34%，黄河上游兰州站偏多10%、下游利津站偏多55%，淮河蚌埠（吴家渡）站偏多35%；海河区除永定河石匣站偏少39%外，其他代表站均偏多170%以上；长江上游向家坝站偏少约2%、下游大通站偏多8%；珠江区梧州站偏少35%。

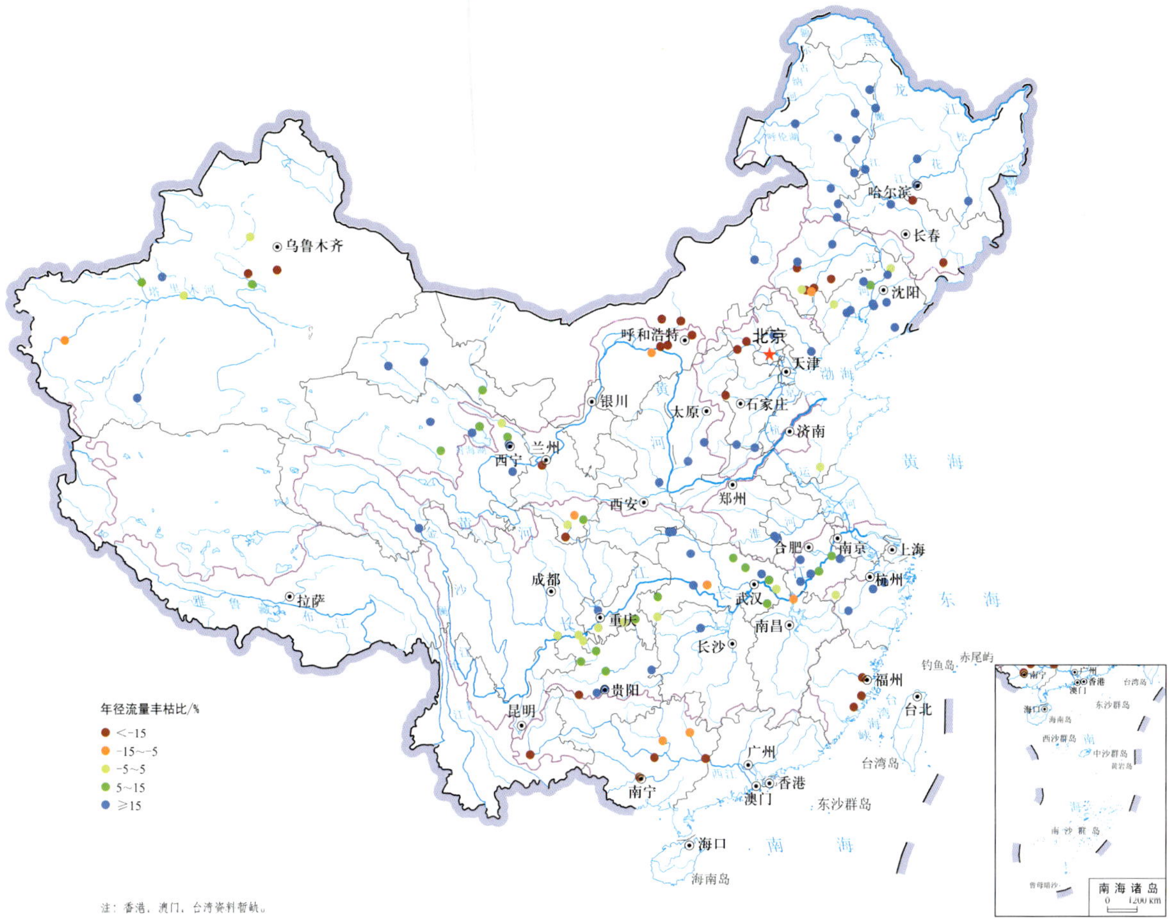


图 3-5　2021 年全国代表站天然径流量距平

## （二）分区代表站径流量

1. 松花江区

2021 年，松花江区实测径流量与 2020 年相比，松花江哈尔滨站增加 37%，嫩江柳家屯站、古城子站、江桥站分别增加 118%、92%和 58%，第二松花江扶余站比 2020 年减少 1%，松花江下游支流莲花站、牡丹江站、倭肯站分别减少 53%、35%和 68%。

与多年平均实测径流量相比，松花江哈尔滨站偏多 103%，哈尔滨站断面以上各代表站偏多 92%～221%；哈尔滨站断面以下各代表站实测径流量与多年平均值相比变化幅度为－25%～25%，第二松花江扶余站偏多 27%。

松花江区代表站径流量多集中在 6—10 月。其中，松花江流域最大月径流量多出现在 6—9 月且径流量较多年平均值偏多，哈尔滨站、江桥站和扶余站最大月径流量出现在 7 月，牡丹江站最大月径流量出现在 6 月，与多年平均相比出现时间均偏早。哈尔滨站最大连续 4 个月径流量出现在 7—10 月，占全年径流量的 67.2%；江桥站、扶余站和牡丹江站最大连续 4 个月径流量出现在 6—9 月，分别占全年径流量的 73.9%、56.7%和 58.7%。松花江区部分代表站 2021 年、2020 年及多年平均实测逐月径流量见图 3-6。

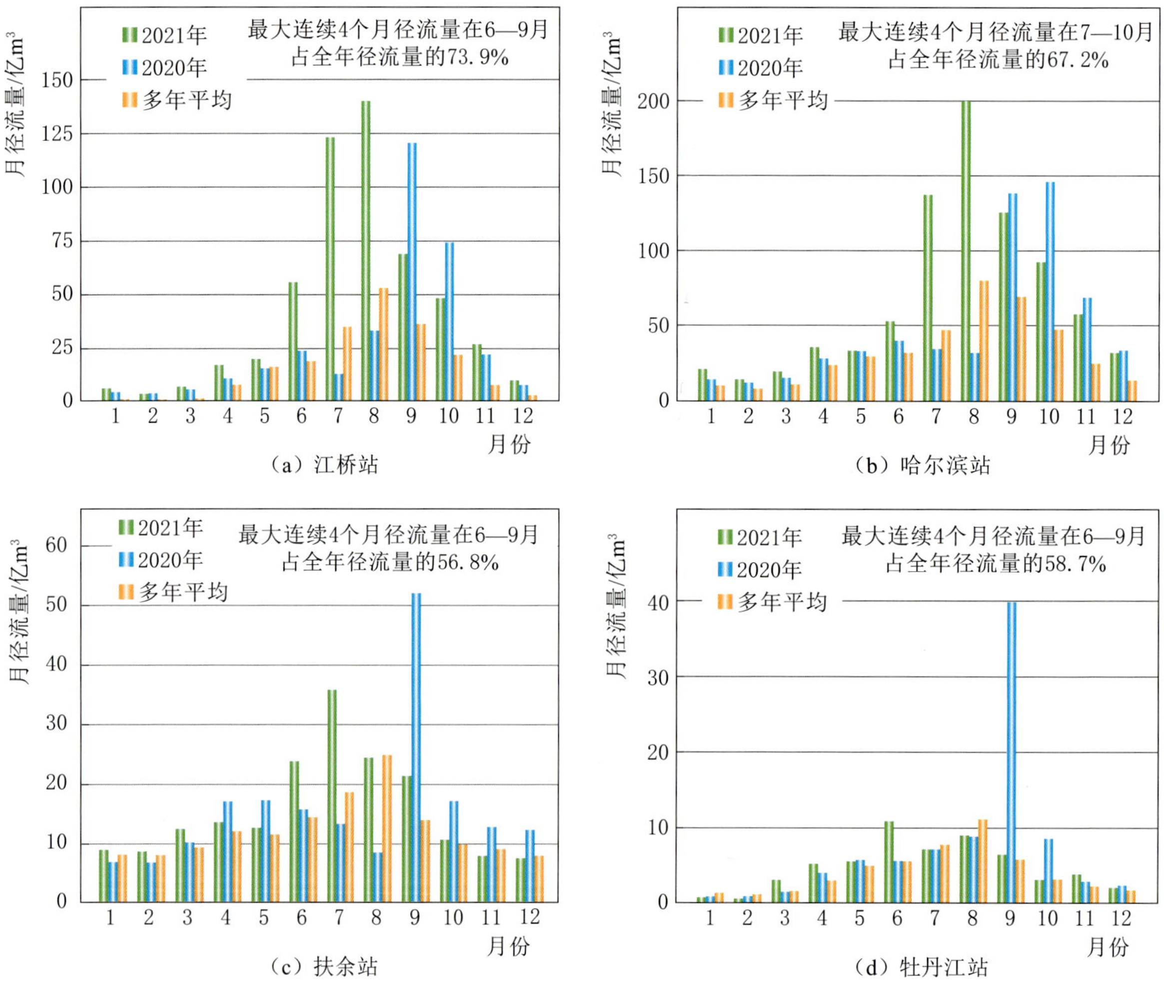


**图 3-6　松花江区部分代表站 2021 年、2020 年及多年平均实测逐月径流量**

2. 辽河区

2021 年，辽河区实测年径流量与 2020 年相比，辽河上游巴林桥站和兴隆坡站分别增加 30%和 51%，下游铁岭站增加 19%；大凌河凌海站增加 234%；浑河邢家窝棚站、太子河葠窝水库站分别增加 9%和 45%。

与多年平均实测年径流量相比，辽河上游巴林桥站偏少 41%，兴隆坡站、赤峰站分别偏少 93%和 84%，下游铁岭站偏多 28%；大凌河凌海站偏多 2%；浑河邢家窝棚站、太子河葠窝水库站分别偏多 14%和 51%。

辽河区代表站径流量多集中在 6—11 月。其中，西辽河巴林桥站、兴隆坡站和铁岭站最大月径流量分别出现在 7 月、9 月和 10 月，较多年平均出现时间偏晚，最大连续 4 个月径流量分别出现在 6—9 月、8—11 月和 7—10 月，占全年径流量的 67.2%、67.1%和 55.9%。大凌河凌海站最大月径流量出现在 9 月，最大连续 4 个月径流量出现在 8—11 月，占全年径流量的 63.1%。浑河邢家窝棚站最大月径流量出现在 6 月，较多年平均偏早，最大连续 4 个月径流量出现在 6—9 月，占全年径流量的 53.9%。辽河区部分代表站 2021 年、2020 年及多年平均实测逐月径流量见图 3-7。

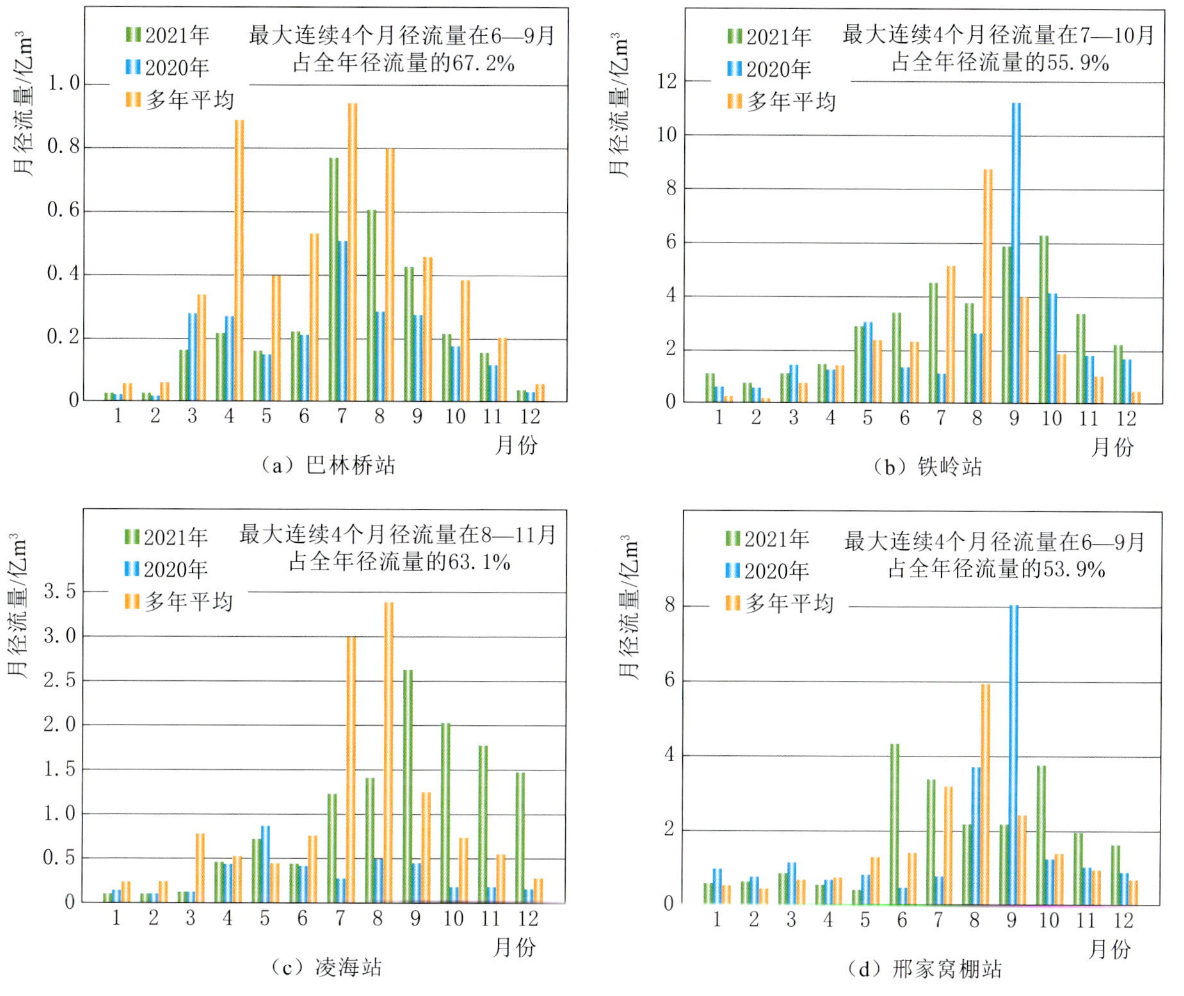


图 3-7 辽河区部分代表站 2021 年、2020 年及多年平均实测逐月径流量

3. 海河区

2021 年，海河区实测径流量与 2020 年相比，滦河滦县站增加 376%，永定河石匣里站增加 26%、雁翅站减少 49%、屈家店站增加 283%，漳卫河观台站和元村集站分别增加 49 倍和 16 倍；滹沱河小觉站和北中山站分别增加 80%和 619%，滏阳河艾辛庄站和衡水站分别增加 310%和 111%。

与多年平均实测径流量相比，滦河滦县站偏多 80%，潮白河张家坟站偏多 78%，漳卫河观台站和元村集站分别偏多 245%和 215%，永定河石匣里站偏少 34%，响水堡站和雁翅站分别偏少 53%和 70%。

海河区滦县站、观台站、元村集站最大连续 4 个月径流量出现在 7—10 月，分别占全年径流量的 74.6%、84.0%和 81.1%，最大月径流量大多出现在 10 月，比多年平均情况滞后。永定河石匣里站最大连续 4 个月径流量出现在 4—7 月，占全年径流量的 50.5%。海河区部分代表站 2021 年、2020 年及多年平均实测逐月径流量见图 3-8。

4. 黄河区

2021 年，黄河区实测年径流量与 2020 年相比，黄河干流上游兰州站减少 30%，头

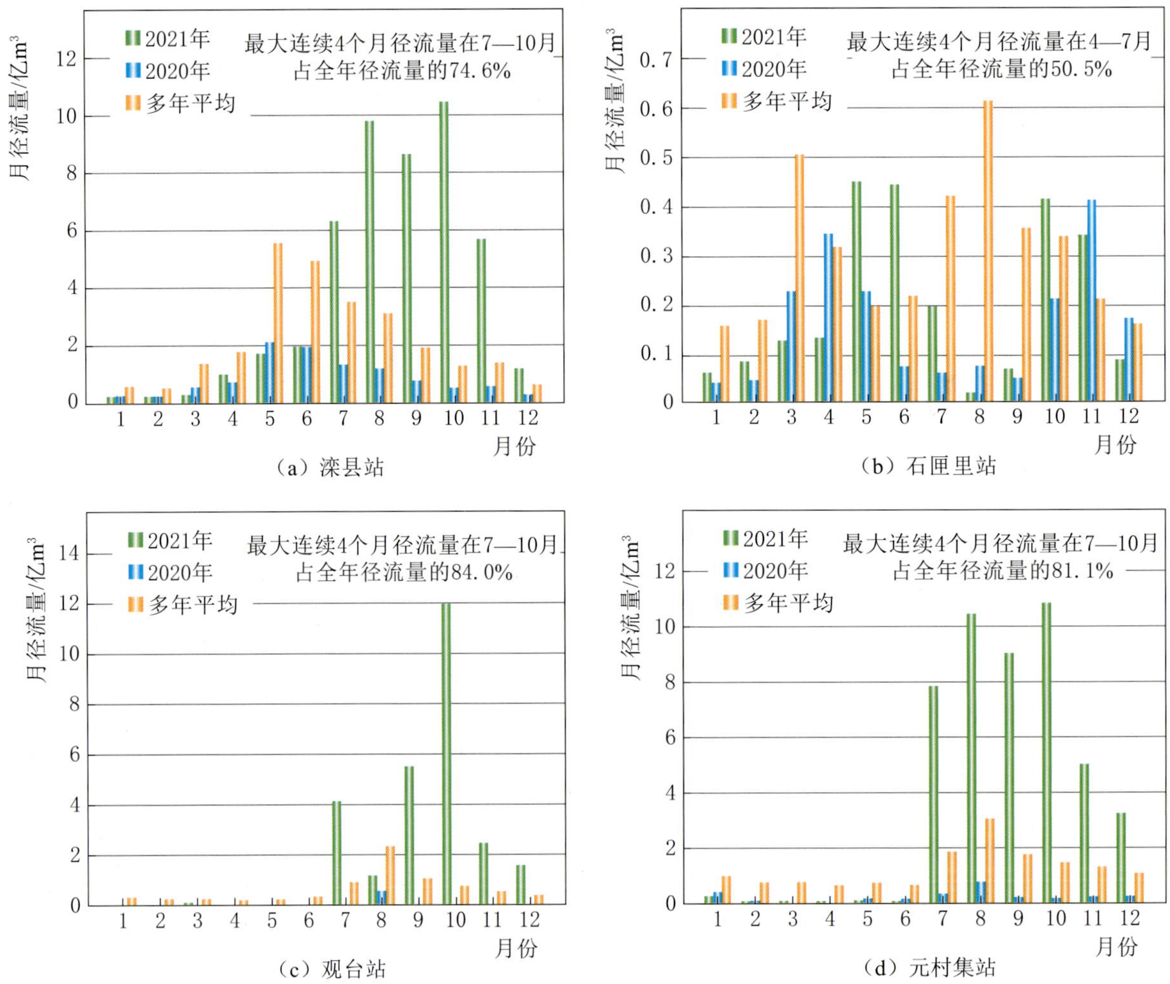


**图 3-8　海河区部分代表站 2021 年、2020 年及多年平均实测逐月径流量**

道拐和潼关站分别减少 40%和 16%，下游利津站较 2020 年增多 23%。湟水民和站减少 28%；支流洮河岷县站、红旗站分别减少 45%和 51%，无定河白家川站减少 13%，泾河张家山站增多 30%、渭河华县站增多 49%，北洛河洑头站增多 110%，汾河河津站增多 97%，伊洛河黑石关站增多 319%。

与多年平均实测径流量相比，黄河干流上游兰州站偏多 16%，头道拐站偏多 8%，下游利津站偏多 60%，花园口站偏多 44%。湟水民和站和尕大滩站分别偏多 20%和偏少 4%；汾河河津站偏多 81%、北洛河洑头站偏多 49%、泾河张家山站偏多 47%、渭河华县站偏多 103%；无定河及以北的代表站总体偏少，赵石窑站、前脑包站、东园站、龙头拐站、阿拉沟站等偏少 58%～92%。

黄河干支流代表站径流量多集中在 7—11 月。黄河干流上游兰州站最大月径流量均出现在 4 月，次大月径流量出现在 5 月，最大连续 4 个月径流量出现在 4—7 月，占全年径流量的 42.4%；下游利津站最大月径流量出现在 10 月，最大连续 4 个月径流量出现在 7—10 月，占全年的 54%。湟水民和站最大月径流量出现在 9 月，最大连续 4 个月径流量出现在 7—10 月，占全年的 46.1%；支流渭河华县站最大月径流量出现在 9 月，最大连续4个月径流量出现在8—11月，占全年的66.6%；支流伊洛河黑石关站最大月径流量出现在9月，最大连续4个月径流量出现在7—10月，占全年的74.3%。黄河区部分代表站2021年、2020年及多年平均实测逐月径流量见图3-9。

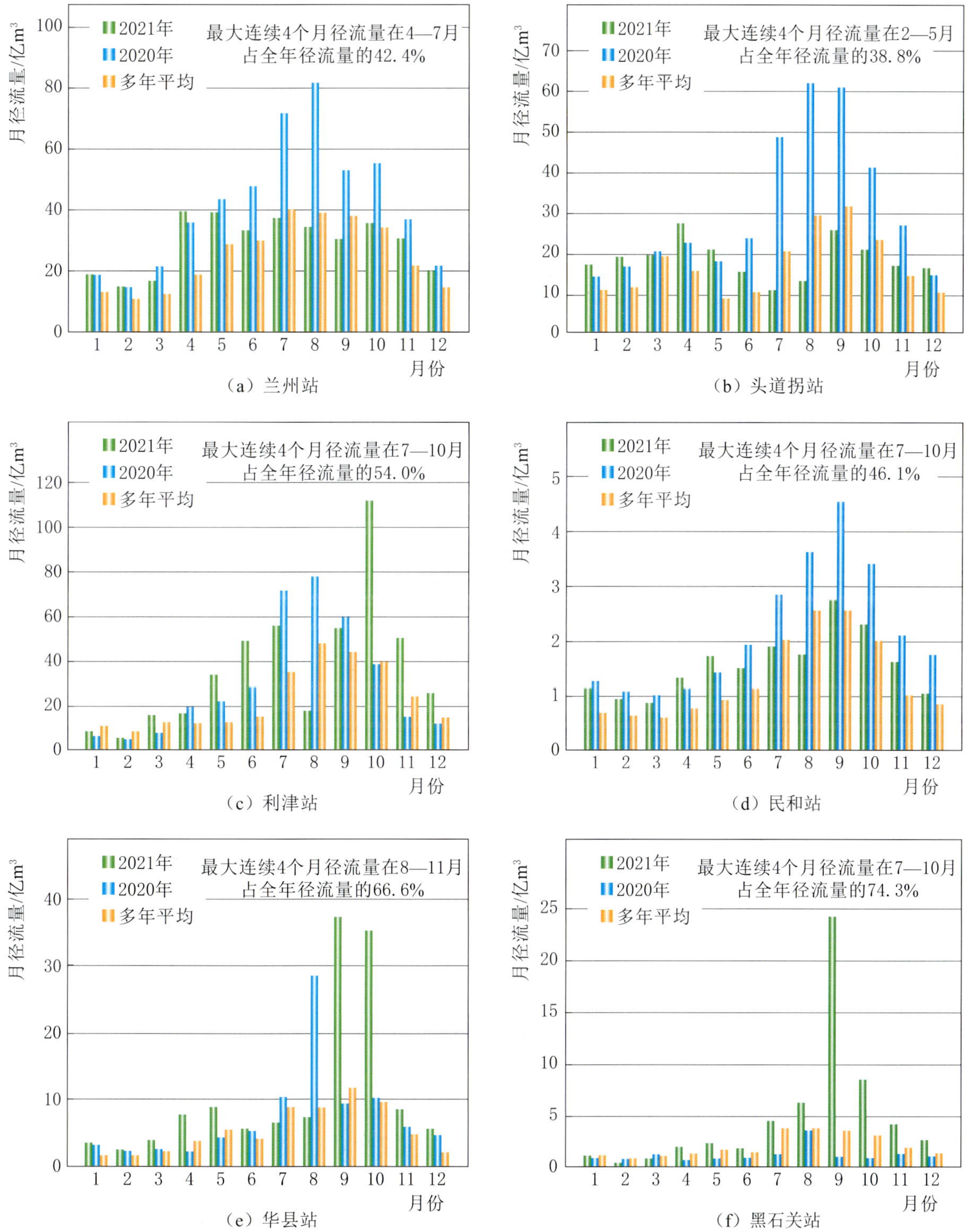


**图3-9 黄河区部分代表站2021年、2020年及多年平均实测逐月径流量**

5. 淮河区

2021 年，淮河区实测年径流量与 2020 年相比，淮河干流息县站、王家坝站分别减少 4%和 1%，鲁台子站增加 6%，蚌埠（吴家渡）站增多 5%，支流史灌河蒋家集站减少 19%；沂河临沂站减少 22%。

与多年平均实测径流量相比，淮河干流息县站偏多 7%、王家坝站偏多 25%，鲁台子站偏多 59%，蚌埠（吴家渡）站偏多 54%，支流史灌河蒋家集站偏多 92%；沂河临沂站偏多 52%。

淮河区径流量多集中在 6—10 月，时间分配与多年平均情况接近，最大月径流量均出现在 7 月。干流息县站最大连续 4 个月径流量出现在 5—8 月、王家坝站出现在 6—9 月、鲁台子站和蚌埠（吴家渡）站出现在 7—10 月，分别占全年径流量的 64.9%、68.7%、70.8%和 73.0%；支流沙颍河阜阳闸站最大连续 4 个月径流量出现在 7—10 月，占全年的 83.2%；支流史灌河蒋家集站最大连续 4 个月径流量出现在 5—8 月，占全年的 69.5%。淮河区部分代表站 2021 年、2020 年及多年平均实测逐月径流量见图 3-10。

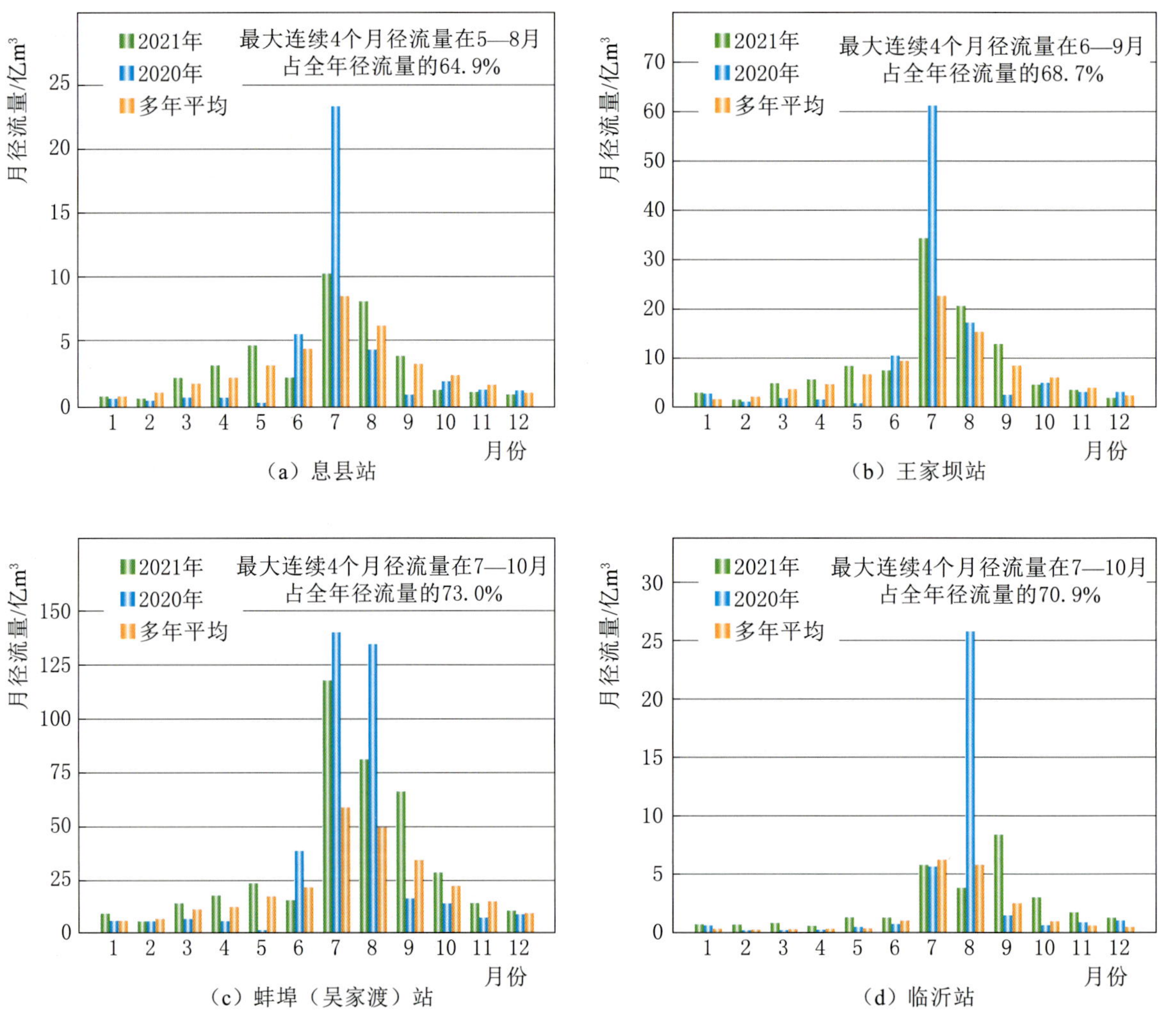


图 3-10 淮河区部分代表站 2021 年、2020 年及多年平均实测逐月径流量

6. 长江区

2021年，长江区实测径流量与2020年相比，长江干流源区直门达站减少13%，上游向家坝站减少22%、寸滩站减少15%，中游宜昌站和汉口站分别减少13%和11%，下游大通站减少14%；支流雅砻江泸宁站和米易站分别减少41%和29%，岷江彭山站减少45%、高场站减少25%，大渡河泸定站减少20%，嘉陵江北碚站增多24%，乌江武隆站减少22%，汉江白河站增多126%，赣江外洲站减少21%；太湖流域黄浦江松浦大桥站减少10%。

与多年平均实测径流量相比，长江干流源区直门达站偏多53%，上游向家坝站偏少13%，寸滩站偏多6%，中游宜昌站和汉口站分别偏多11%和12%，下游大通站偏多9%；支流雅砻江泸宁站和米易站分别偏少76%和21%，岷江彭山站偏少15%、高场站偏少4%，大渡河泸定站偏多12%，嘉陵江北碚站偏多70%，乌江武隆站偏多7%，汉江白河站偏多128%，赣江外洲站偏少28%；太湖流域黄浦江松浦大桥站偏多58%。

长江区径流量主要集中在7—10月，而洞庭湖水系代表站最大连续4个月径流量多出现在4—7月。长江干流上游向家坝站月径流量偏少，最大月径流量出现在9月，比多年平均出现偏晚，最大连续4个月径流量出现在7—10月，占全年的54.4%；中游宜昌站汛期略偏少而非汛期略偏多，最大月径流量出现在9月，最大连续4个月径流量出现在7—10月，占全年的54.6%；下游大通站最大月径流量出现在6月，较多年平均偏早，最大连续4个月径流量出现在6—9月，占全年的48.5%。湘江湘潭站除5月和11月偏多外，其他各月径流量偏少，最大月径流量出现在5月，最大连续4个月径流量出现在3—6月，占全年的64.0%；汉江白河站最大月径流量出现在9月，最大连续4个月径流量出现在7—10月，占全年径流量的74.0%；赣江外洲站除5月外均偏少，最大月径流量出现在5月，最大连续4个月径流量出现在4—7月，占全年的62.8%；黄浦江松浦大桥站最大月径流量出现在8月，最大连续4个月径流量出现在5—8月，占全年的36.0%。长江区部分代表站2021年、2020年及多年平均实测逐月径流量见图3-11。

7. 东南诸河区

2021年，东南诸河区实测径流量与2020年相比，钱塘江兰溪站减少2%，之江站减少2%，瓯江鹤城站增多43%，姚江大闸站增多19%，椒江柏枝岙站增多61%，闽江上游沙县（石桥）站减少25%，下游竹岐站减少9%，九龙江浦南站减少38%。

与多年平均实测径流量相比，钱塘江兰溪站偏多13%、之江站偏多17%；瓯江鹤城站偏少2%；椒江柏枝岙站偏多29%；闽江上游沙县（石桥）站偏少56%，下游竹岐站偏少30%，九龙江浦南站偏少67%。

东南诸河区径流量多集中在5—9月，时间分配与多年平均情况接近，最大月径流量均出现在7月。钱塘江之江站、椒江柏枝岙站、瓯江鹤城站、闽江竹岐站、九龙江浦南站最大连续4个月径流量多出现在5—8月，分别占全年径流量的63.1%、76.5%、71.4%、67.1%和53.9%；姚江大闸站最大连续4个月径流量出现在6—9月，占全年径流量的78.2%。东南诸河区部分代表站2021年、2020年及多年平均实测逐月径流量见图3-12。

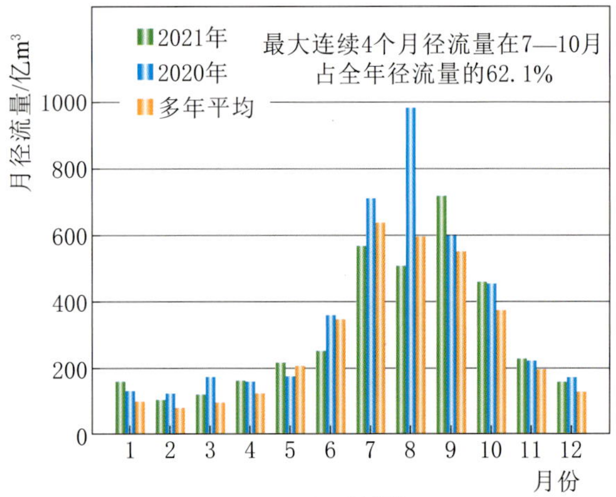


（a）寸滩站

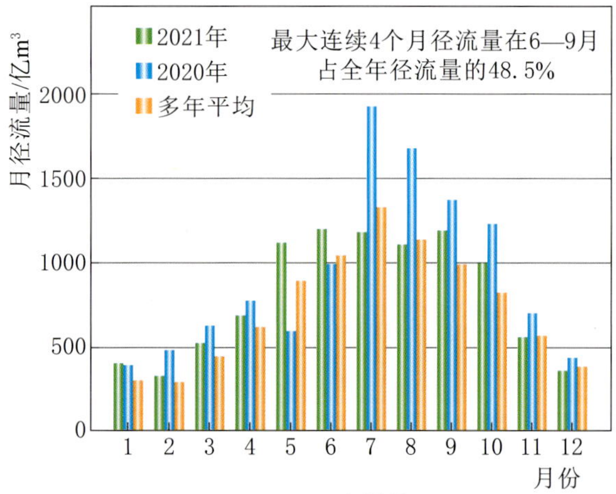


（b）大通站

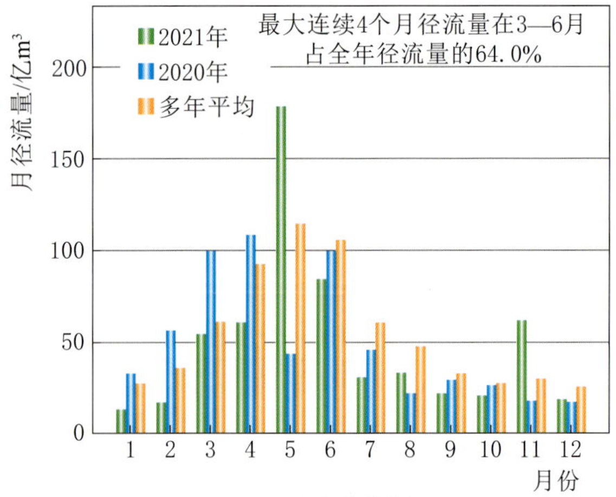


（c）湘潭站

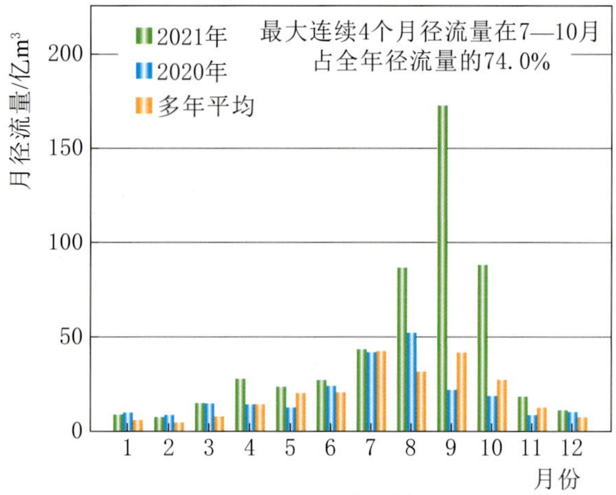


（d）白河站

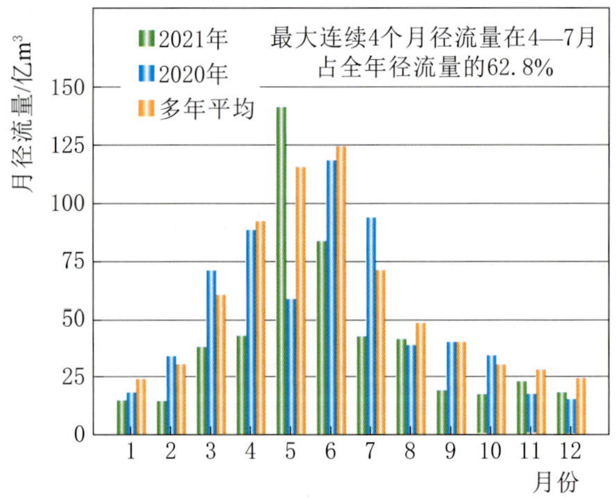


（e）外洲站

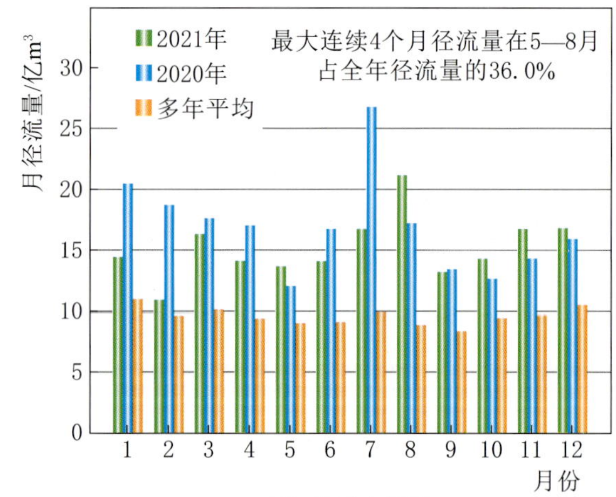


（f）松浦大桥站

**图 3-11　长江区部分代表站 2021 年、2020 年及多年平均实测逐月径流量**

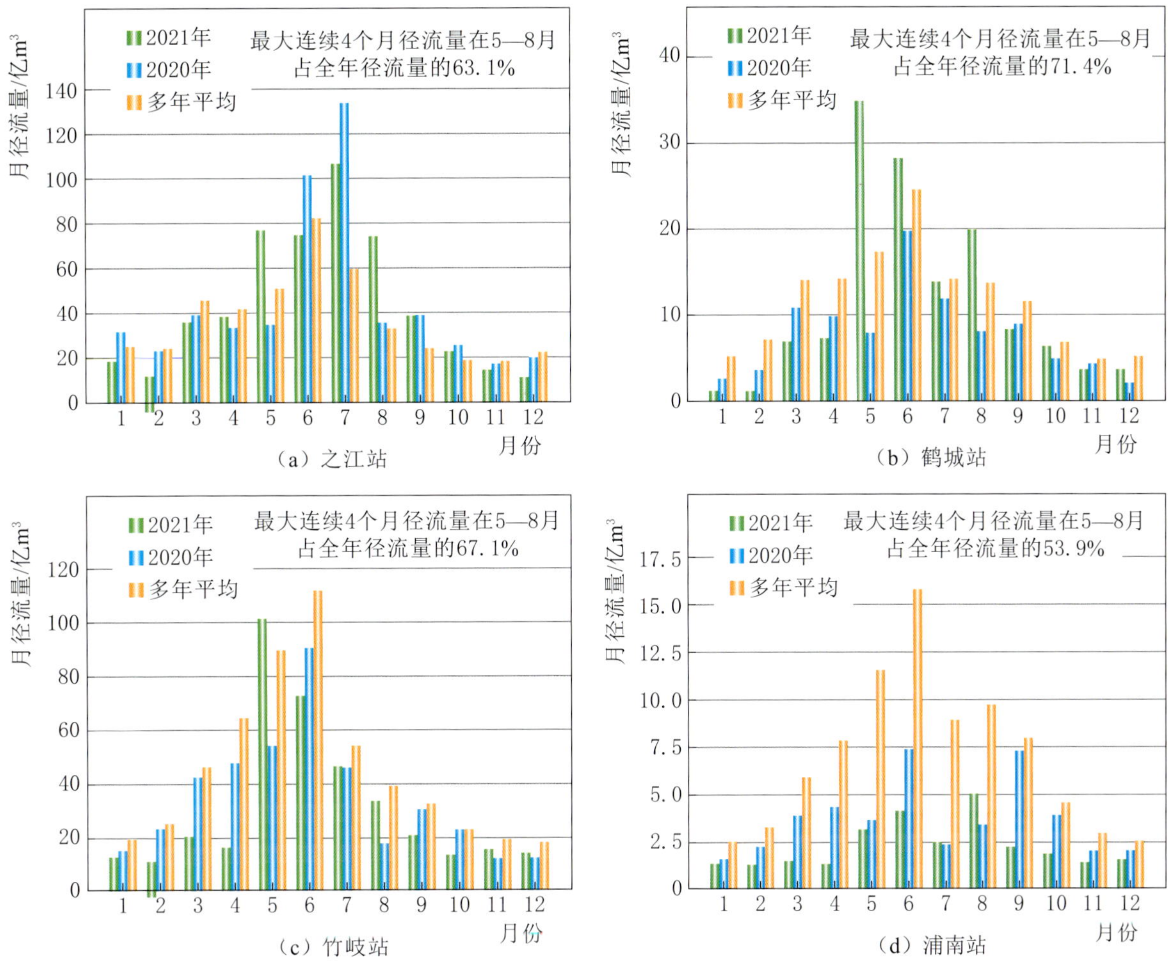


**图 3-12　东南诸河区部分代表站 2021 年、2020 年及多年平均实测逐月径流量**

8. 珠江区

2021 年，珠江区实测径流量与 2020 年相比，西江上游小龙潭站增加 13%，中游迁江站减少 26%，下游梧州站减少 33%，西江支流郁江南宁站减少 21%，西江支流柳江站减少 32%；北江石角站减少 36%；东江博罗站减少 51%；韩江潮安站减少 46%；南渡江龙塘站增多 58%。

与多年平均实测径流量相比，西江上游小龙潭站偏少 55%，中游迁江站偏少 33%，下游梧州站偏少 32%，西江支流郁江南宁站偏少 38%，西江支流柳江站偏少 6%；东江下游博罗站偏少 67%；北江石角站偏少 45%；韩江潮安站偏少 71%；南渡江龙塘站偏少 17%。

西江上游小龙潭站最大月径流量出现在 8 月，最大连续 4 个月径流量出现在 6—9 月，占全年的 56.9%；迁江站和梧州站均为 1—5 月偏多，6—12 月显著偏少，最大月径流量均出现在 5 月，最大连续 4 个月径流量分别出现在 4—7 月和 5—8 月，占全年的 50.8% 和 56.9%。北江石角站各月均偏少，最大月径流量出现在 5 月，最大连续 4 个月径流量出现在 5—8 月，占全年的 65.9%；东江博罗站各月均偏少，汛期尤为显著，最大月径流量出现在 6 月，最大连续 4 个月径流量出现在 1—4 月，占全年的 37.1%；韩江潮安站全年径流显著偏少，最大月径流量出现在6月，最大连续4个月径流量出现在6—9月，占全年的54.3%；南渡江龙塘站最大月径流量出现在10月，最大连续4个月径流量出现在8—11月，占全年径流量的71.9%。珠江区部分代表站2021年、2020年及多年平均实测逐月径流量见图3-13。

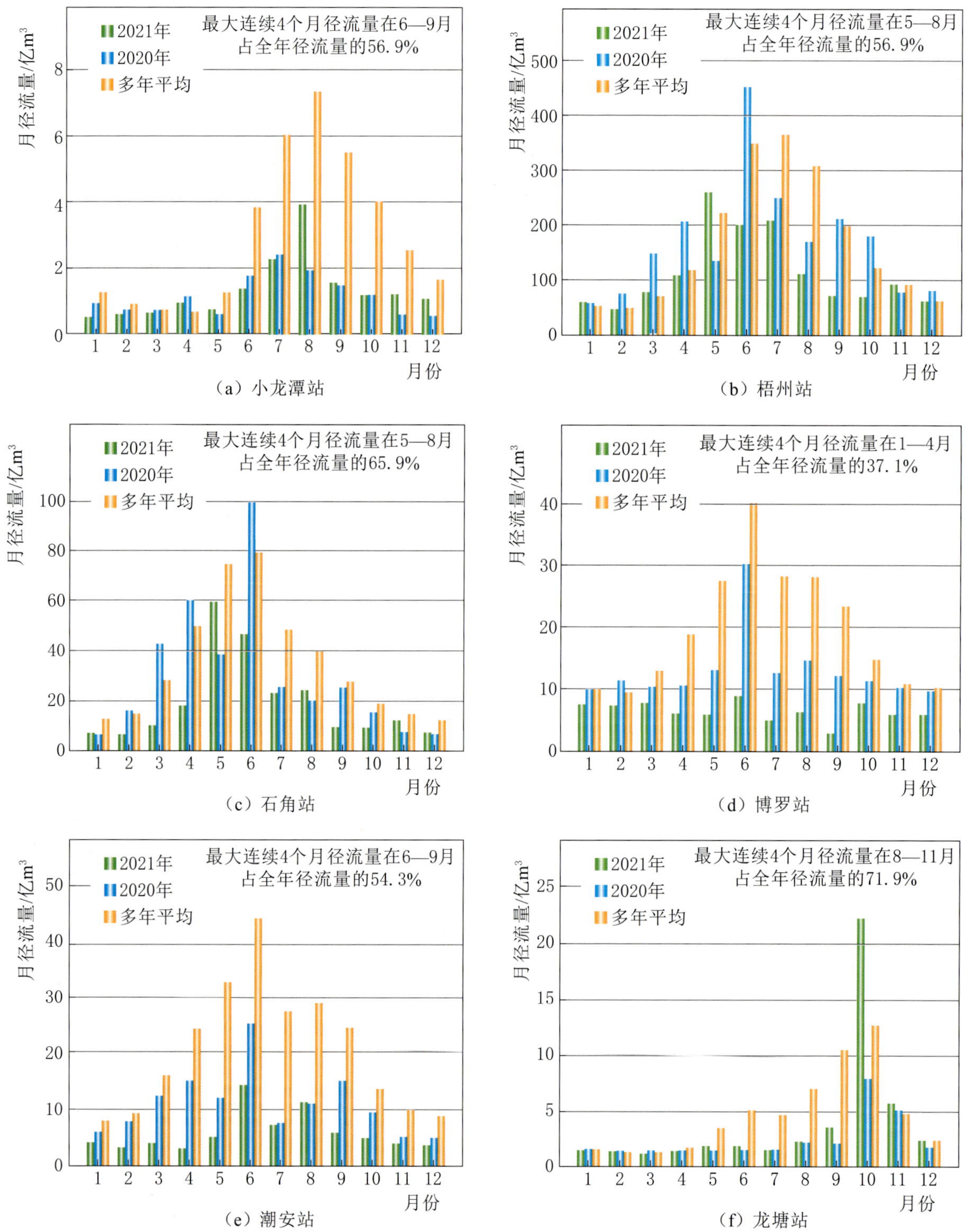


**图3-13 珠江区部分代表站2021年、2020年及多年平均实测逐月径流量**

9. 西北诸河区

2021 年，西北诸河区实测径流量与 2020 年相比，叶尔羌河卡群站偏多 6%、新渠满站偏多 18%，开都河焉耆站偏多 8%，格尔木河格尔木站偏少 11%，黑河中游正义峡站偏少 16%、下游莺落峡站偏少 12%，疏勒河昌马堡站偏多 15%。

与多年平均实测径流量相比，叶尔羌河卡群站偏少 8%、新渠满站偏多 4%，开都河焉耆站偏多 15%，格尔木河格尔木站偏多 26%，黑河中游正义峡站偏多 6%、下游莺落峡站偏多 5%，疏勒河昌马堡站偏多 36%。

西北诸河区代表站径流量多集中在 5—9 月。叶尔羌河卡群站最大月径流量出现在 8 月，最大连续 4 个月径流量出现在 6—9 月，占全年径流量的 66.9%；开都河焉耆站最大月径流量出现在 8 月，最大连续四个月径流量出现在 5—8 月，占全年径流量的 49.0%；黑河莺落峡站最大月径流量出现在 8 月，最大连续 4 个月径流量出现在 6—9 月，占全年径流量的 61.8%；疏勒河昌马堡站最大月径流量出现在 7 月，最大连续四个月径流量出现在 6—9 月，占全年径流量的 66.3%。西北诸河区部分代表站 2021 年、2020 年及多年平均实测逐月径流量见图 3 - 14。

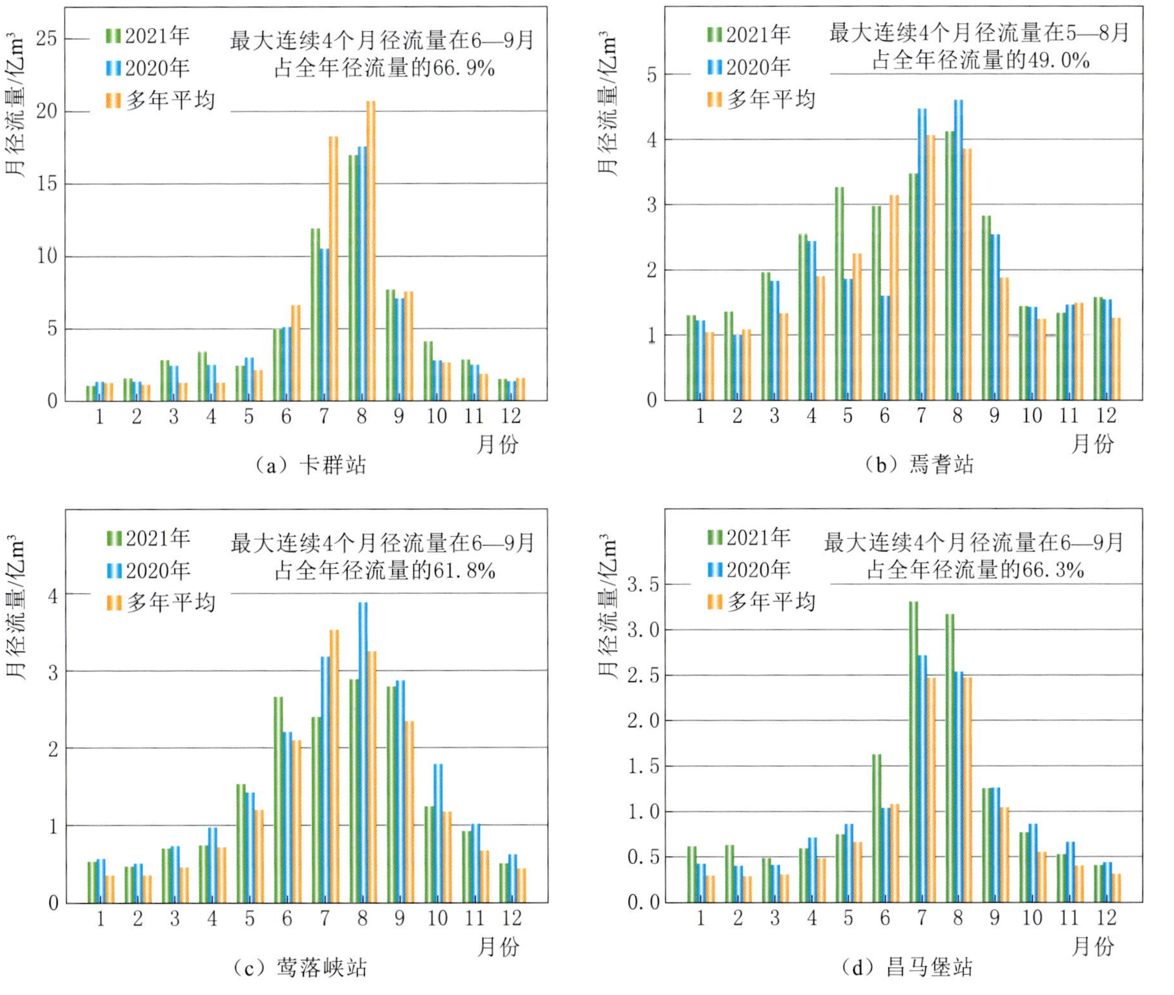


**图 3 - 14　西北诸河区部分代表站 2021 年、2020 年及多年平均实测逐月径流量**

## 四、典型水文站水位流量过程

（1）江桥水文站。位于嫩江干流，集水面积为 162569km$^2$，2021 年 6—7 月，嫩江受降雨影响发生 3 次编号洪水。江桥水文站 2021 年逐日水位流量过程线见图 3－15。最高水位为 141.26m，最大流量为 7310m$^3$/s，出现在 8 月 11 日；最低水位为 135.27m，最小流量为 105m$^3$/s，出现在 3 月 3 日；年平均流量为 1660m$^3$/s。

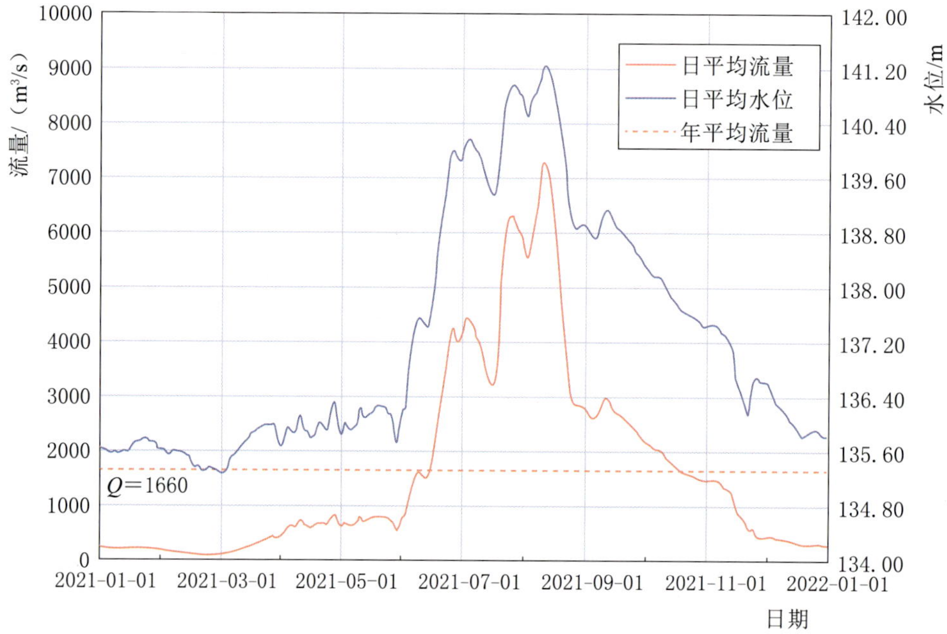


图 3－15　江桥水文站 2021 年逐日水位流量过程线

（2）哈尔滨水文站。位于松花江干流，集水面积为 389769km$^2$，2021 年 8 月，受降雨及上游来水影响发生编号洪水。哈尔滨水文站 2021 年逐日水位流量过程线见图 3－16。

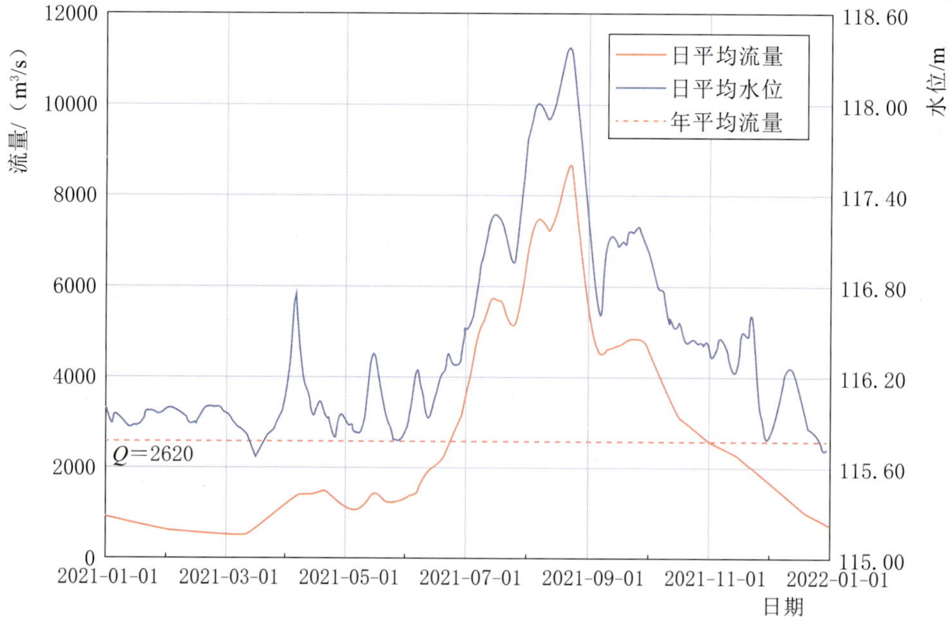


图 3－16　哈尔滨水文站 2021 年逐日水位流量过程线

最高水位为 118.40m，最大流量为 8770m³/s，出现在 8 月 21 日；最低水位为 115.68m，发生在 3 月 18 日；最小流量为 563m³/s，出现在 3 月 12 日；年平均流量为 2620m³/s。

（3）铁岭水文站。位于辽河干流，集水面积为 120764km²。铁岭水文站 2021 年逐日水位流量过程线见图 3-17。最高水位为 54.42m，最大流量为 407m³/s，出现在 9 月 27 日；最低水位为 51.77m，发生在 4 月 27 日；最小流量为 28.3m³/s，出现在 3 月 1 日；年平均流量为 114m³/s。

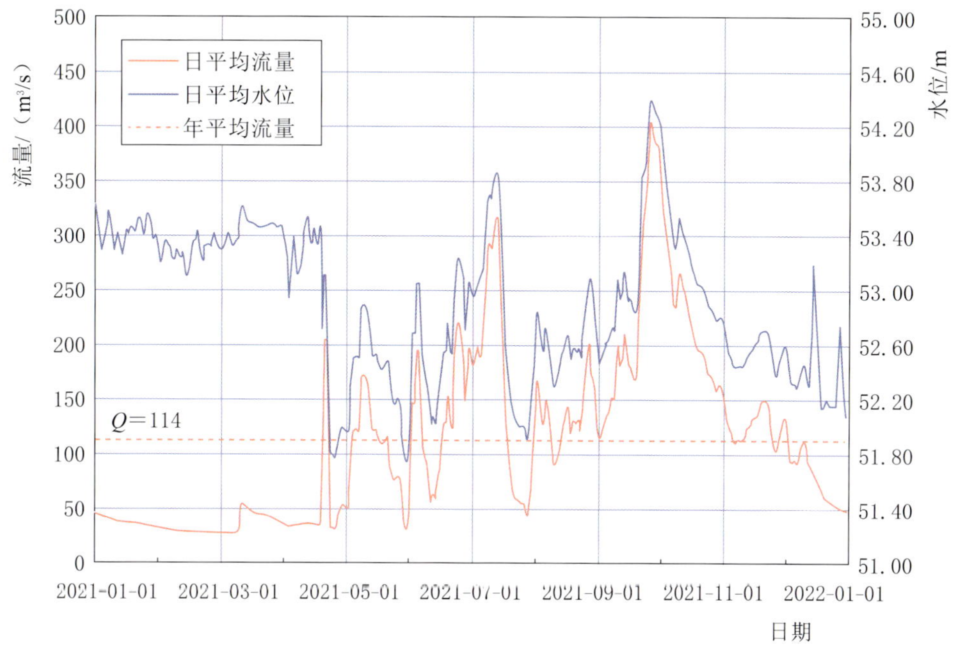


图 3-17 铁岭水文站 2021 年逐日水位流量过程线

（4）观台水文站。位于海河区西南部漳卫南运河水系的漳河，集水面积为 17800km²，2021 年 7 月和 10 月，漳卫河水系受强降雨影响发生了 2 次洪水。观台水文站 2021 年逐日水位流量过程线见图 3-18。最高水位为 153.26m，最大流量为 3150m³/s，发生在 7 月 22 日；1 月 1 日至 7 月 11 日河干；年平均流量为 83.4m³/s。

（5）元村集水文站。位于海河区西南部漳卫南运河水系的卫河，集水面积为 14286km²，2021 年 7 月和 10 月，漳卫河水系受强降雨影响发生了 2 次洪水。元村集水文站 2021 年逐日水位流量过程线见图 3-19。最高水位为 47.98m，最大流量为 926m³/s，发生在 7 月 25 日；5 月 11—18 日河干；年平均流量为 149m³/s。

（6）华县水文站。位于黄河支流渭河，集水面积为 106498km²，2021 年 9 月下旬和 10 月上旬发生 2 场洪水。华县水文站 2021 年逐日水位流量过程线见图 3-20。最高水位为 341.91m，最大流量为 4860m³/s，发生在 9 月 28 日；最低水位为 333.50m，发生在 2 月 24 日；最小流量为 61.3m³/s，发生在 8 月 9 日；年平均流量为 419m³/s。

（7）花园口水文站。位于黄河干流下游，集水面积为 730036km²，2021 年 9 月下旬和10月上旬发生3场洪水。花园口水文站2021年逐日水位流量过程线见图3-21。最高水位为91.11m，最大流量为5220$m^3/s$，发生在9月28日；最低水位为88.11m，最小流量为269$m^3/s$，发生在1月28日；年平均流量为1620$m^3/s$。

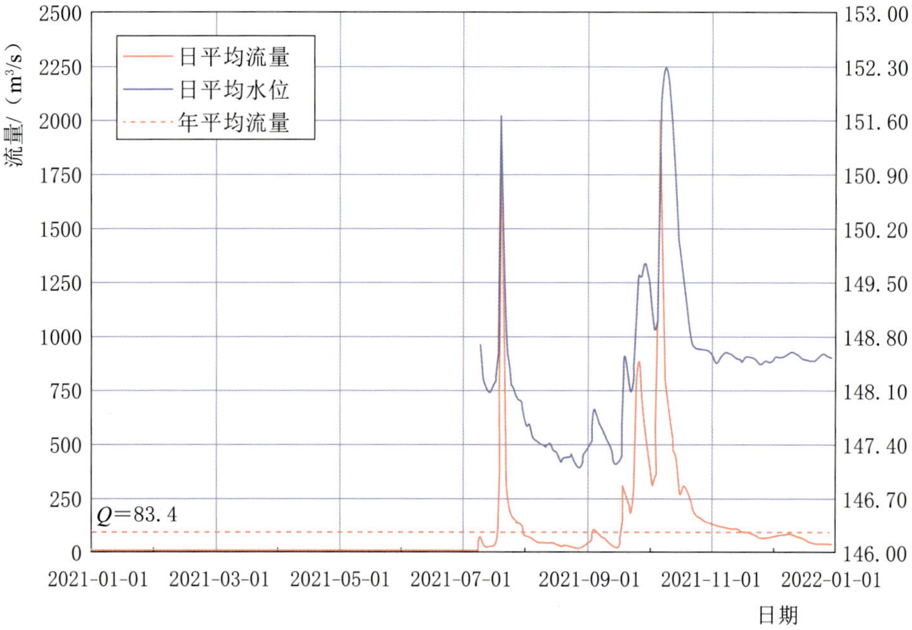


图3-18 观台水文站2021年逐日水位流量过程线

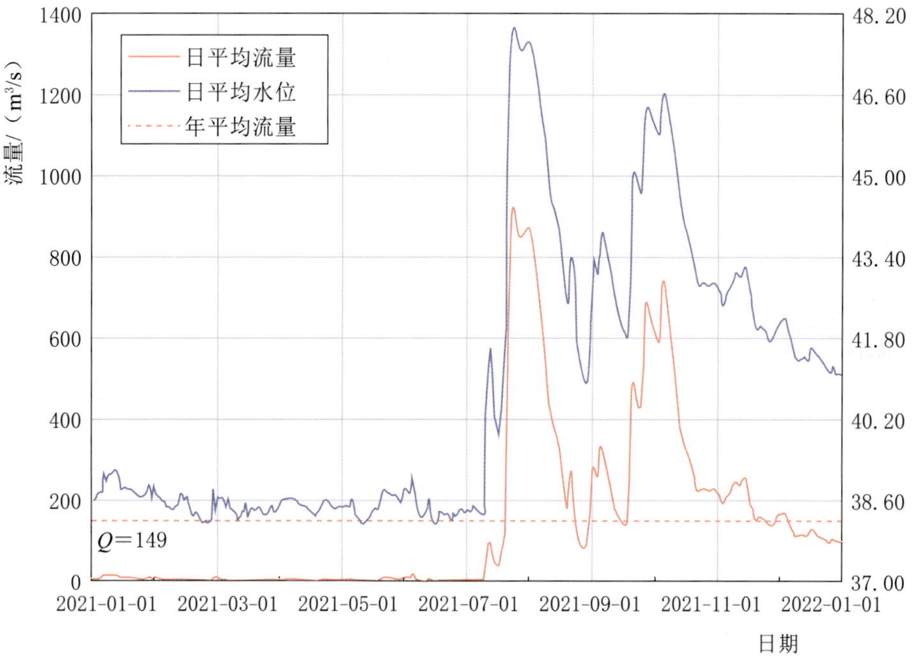


图3-19 元村集水文站2021年逐日水位流量过程线

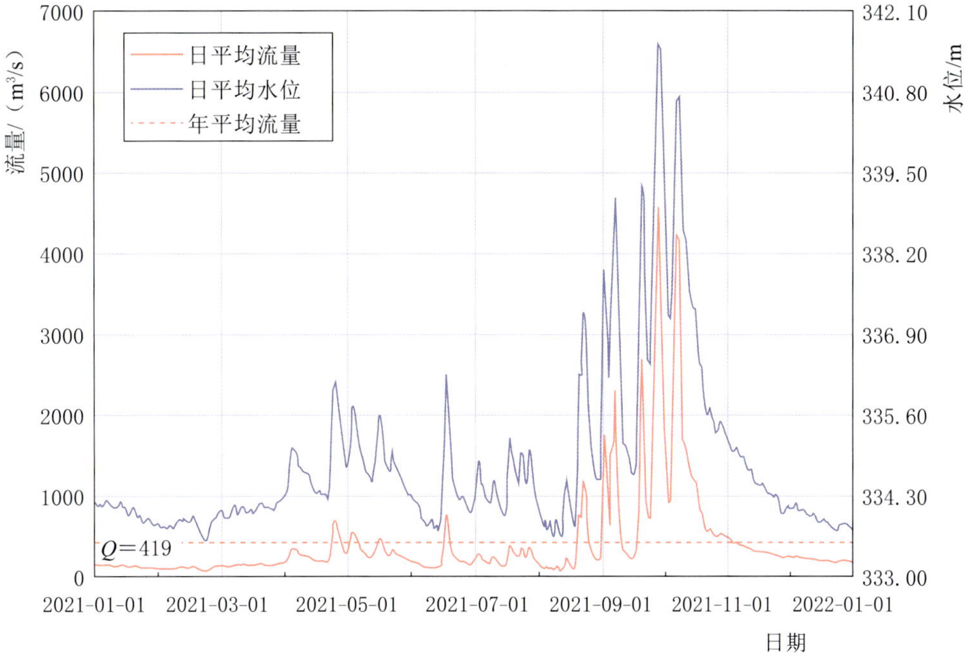


**图 3-20　华县水文站 2021 年逐日水位流量过程线**

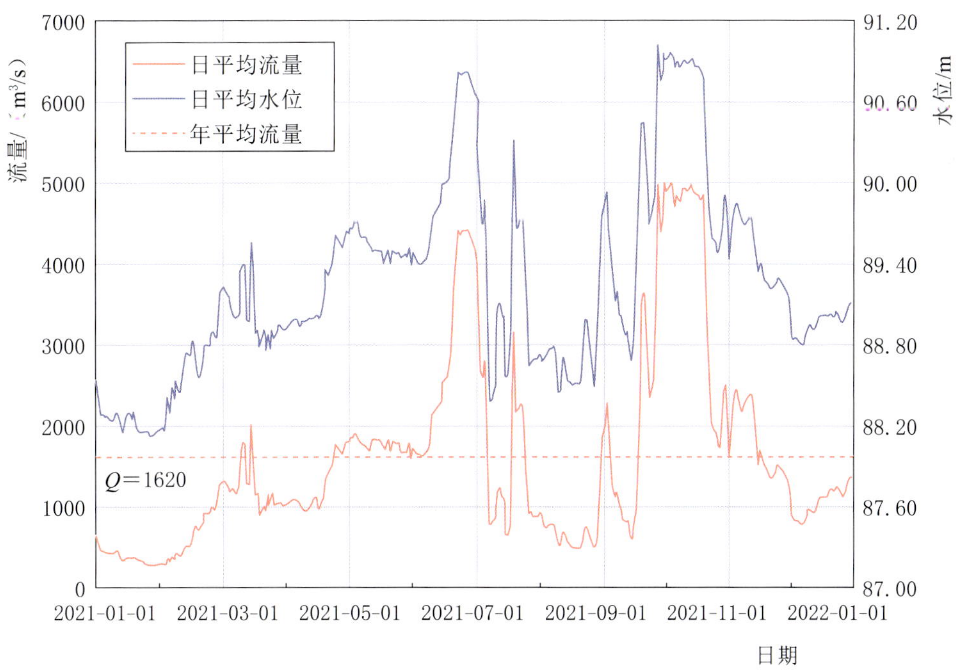


**图 3-21　花园口水文站 2021 年逐日水位流量过程线**

（8）利津水文站。位于黄河干流下游，集水面积为 751869km$^2$，2021 年 9 月下旬和 10 月上旬发生 3 场洪水。利津水文站 2021 年逐日水位流量过程线见图 3-22。最高水位为 12.46m，最大流量为 5240m$^3$/s，发生在 10 月 8 日；最低水位为 7.55m，发生在 2 月 10 日；最小流量为 126m$^3$/s，发生在 2 月 5 日；年平均流量为 1400m$^3$/s。

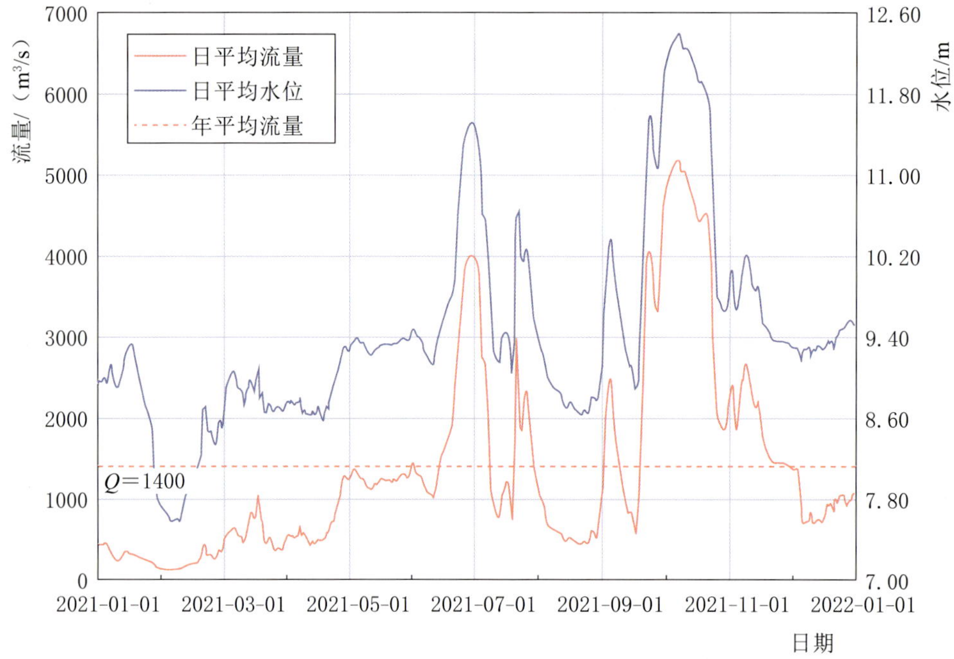


图 3-22　利津水文站 2021 年逐日水位流量过程线

（9）寸滩水文站。位于长江干流三峡水库上游，集水面积为 866559km²，2021 年 9 月上旬长江干流发生洪水。寸滩水文站 2021 年逐日水位流量过程线见图 3-23。最高水位为 181.77m，最大流量为 46400m³/s，发生在 9 月 7 日；最低水位为 160.05m，发生在 6 月 9 日；最小流量为 3340m³/s，发生在 2 月 11 日；年平均流量为 11400m³/s。

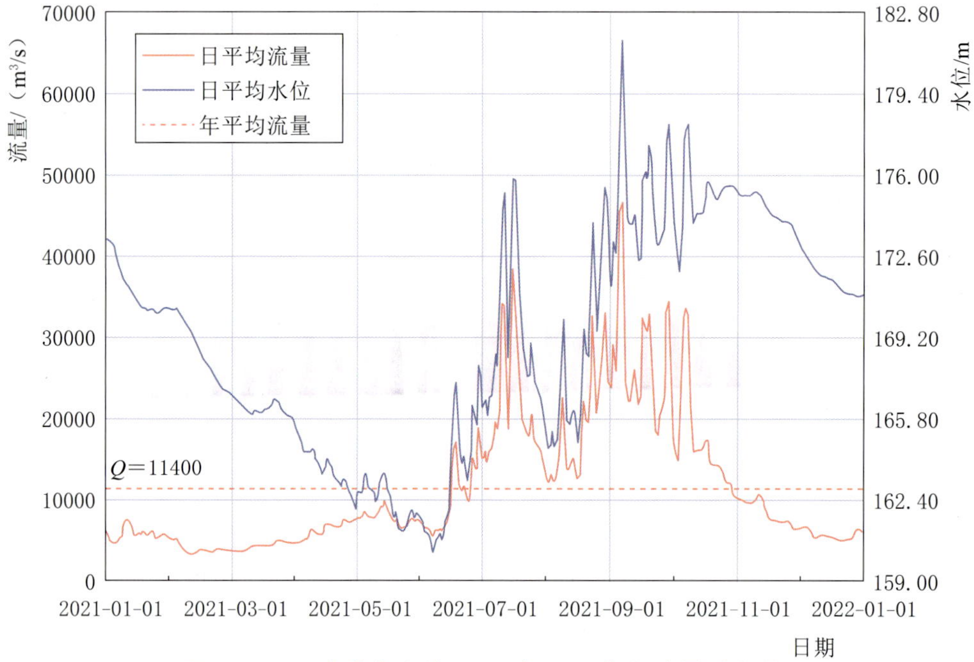


图 3-23　寸滩水文站 2021 年逐日水位流量过程线

（10）大通水文站。位于长江干流下游，集水面积为 1705383km²，大通水文站 2021 年逐日水位流量过程线见图 3-24。最高水位为 13.36m，发生在 5 月 28 日；最大流量为

$61000m^3/s$，发生在 5 月 29 日；最低水位为 4.49m，发生在 12 月 30 日；最小流量为 $10000m^3/s$，发生在 12 月 25 日；年平均流量为 $30600m^3/s$。

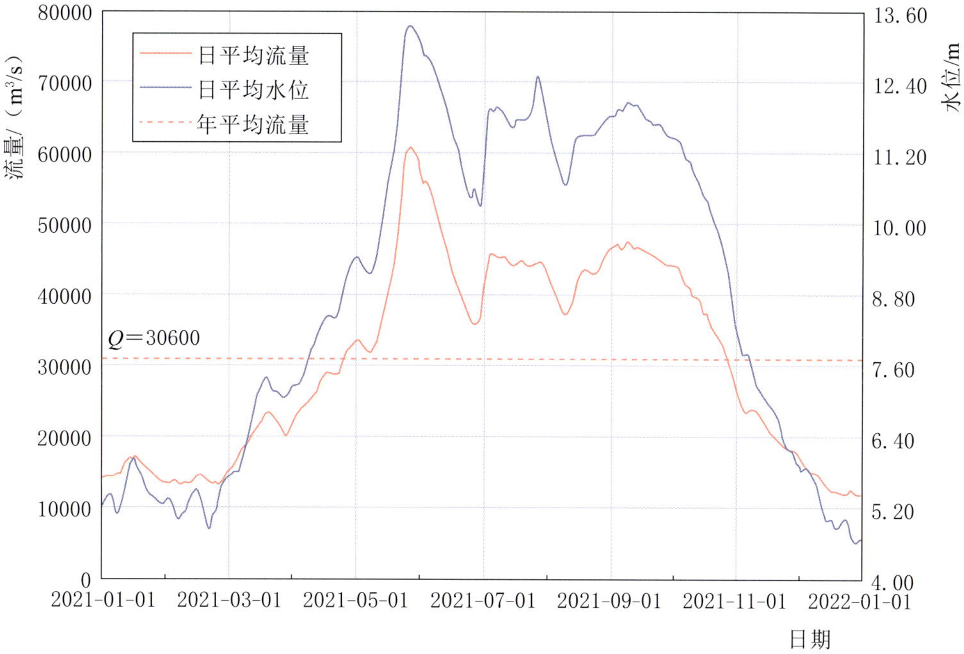


图 3-24 大通水文站 2021 年逐日水位流量过程线

（11）之江水文站。位于钱塘江干流下游，集水面积为 $41769km^2$。之江水文站 2021 年逐潮潮水位和逐日流量过程线见图 3-25。最高潮水位为 7.48m，发生在 7 月 26 日；最大流量为 $12900m^3/s$，发生在 7 月 2 日；最低潮水位为 2.37m，发生在 10 月 2 日；最小流量为 $-16000m^3/s$，发生在 9 月 8 日；年平均流量为 $1680m^3/s$。

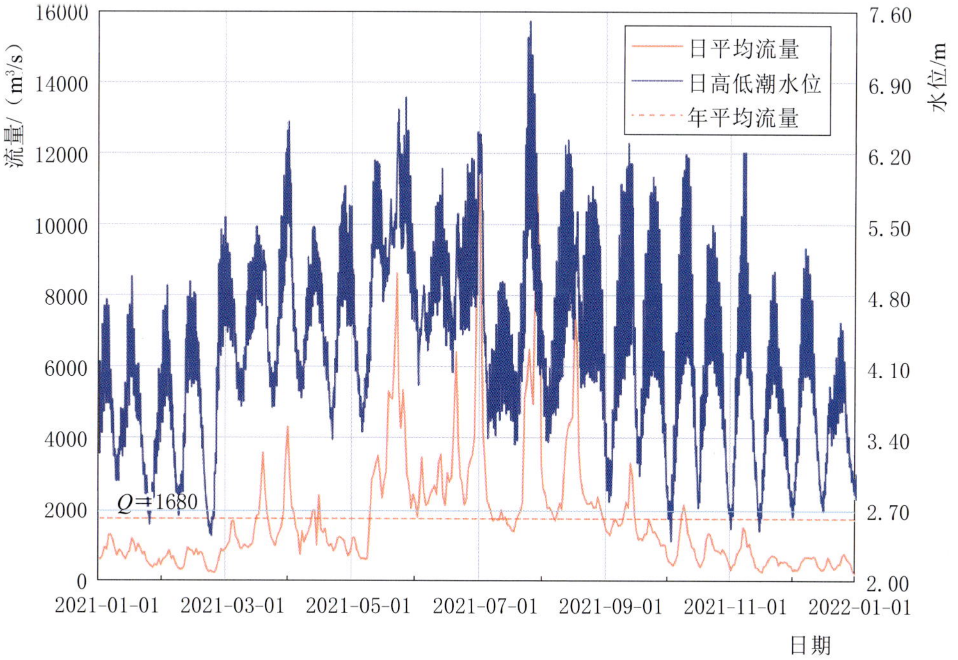


图 3-25 之江水文站 2021 年逐潮潮水位和逐日流量过程线

（12）竹岐水文站。位于闽江干流下游，集水面积为 54500km²。竹岐水文站 2021 年逐日水位流量过程线见图 3－26。最高水位为 8.47m，最大流量为 14200m³/s，发生在 5 月 22 日；最低水位为 1.44m，发生在 2 月 22 日；最小流量为－3940m³/s，发生在 10 月 7 日；年平均流量为 1200m³/s。

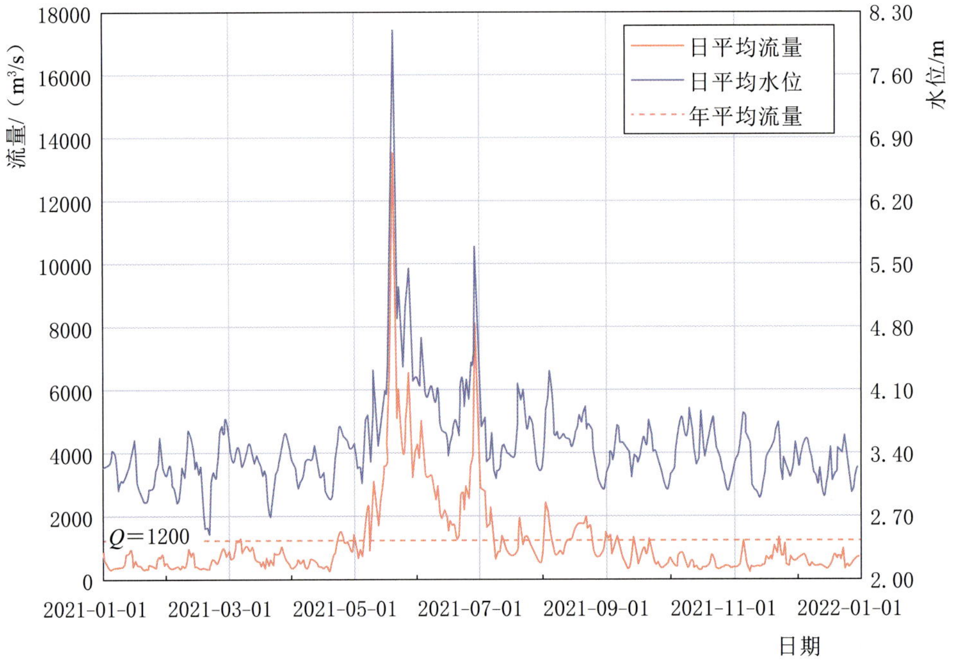


**图 3－26　竹岐水文站 2021 年逐日水位流量过程线**

（13）梧州水文站。位于西江干流下游，集水面积为 327006km²，2021 年西江流域发生干旱。梧州水文站 2021 年逐日水位流量过程线见图 3－27。最高水位为 15.35m，发生在

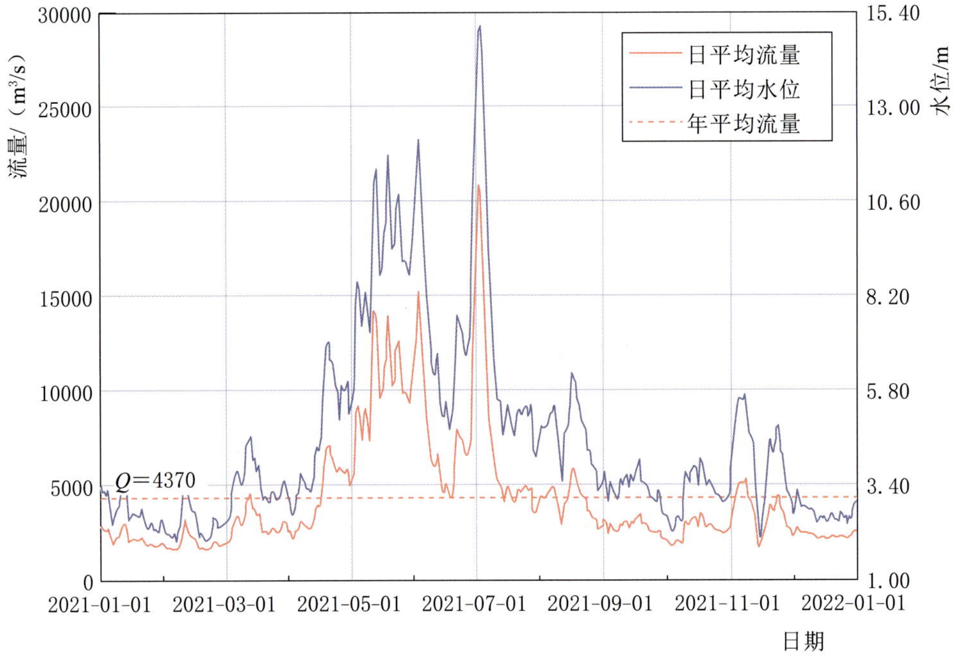


**图 3－27　梧州水文站 2021 年逐日水位流量过程线**

7 月 5 日；最大流量为 23300m$^3$/s，发生在 7 月 4 日；最低水位为 1.85m，最小流量为 1490m$^3$/s，发生在 2 月 7 日；年平均流量为 4370m$^3$/s。

（14）博罗水文站。位于东江干流下游，集水面积为 25325km$^2$，2021 年东江流域发生干旱。博罗水文站 2021 年逐日水位流量过程线见图 3－28。最高水位为 2.65m，发生在 10 月 10 日；最大流量为 1950m$^3$/s，发生在 6 月 1 日；最低水位为－0.72m，发生在 11 月 30 日；最小流量为－248m$^3$/s，发生在 9 月 24 日；年平均流量为 246m$^3$/s。

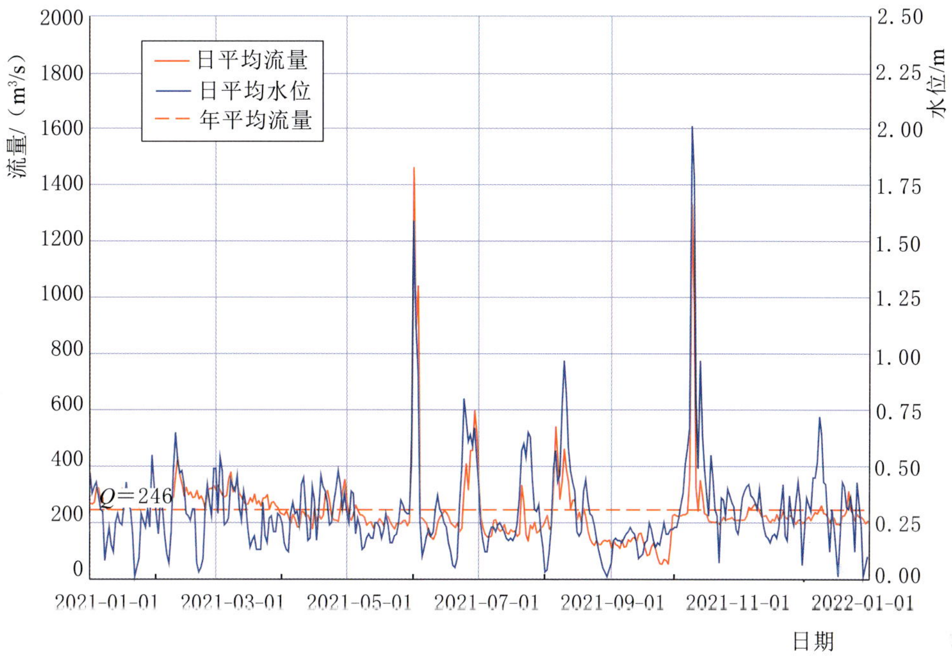


图 3－28　博罗水文站 2021 年逐日水位流量过程线

黄河湾（龙虎 摄）

# 第四章 泥　沙

## 一、概述

2021年，我国主要河流泥沙代表站总输沙量为3.31亿t，比2020年输沙量4.65亿t减少28.8%，较多年平均年输沙量14.5亿t偏少77.2%。我国主要河流泥沙代表站平均含沙量为$0.232kg/m^3$，比2020年含沙量$0.281kg/m^3$减少17.4%，较多年平均含沙量$1.01kg/m^3$偏少77.0%。我国主要河流泥沙代表站平均输沙模数为$83.5t/(a\cdot km^2)$，比2020年输沙模数$117t/(a\cdot km^2)$减少28.6%，较多年平均年输沙模数$365t/(a\cdot km^2)$偏少77.1%。

2021年，我国主要河流泥沙代表站中，黄河潼关站的平均含沙量最大，为$4.33kg/m^3$，但比2020年含沙量$5.11kg/m^3$减少15.3%，较多年平均含沙量$27.5kg/m^3$偏少84.3%。西北诸河区疏勒河和塔里木河主要泥沙代表站平均含沙量次之，分别为$2.80kg/m^3$和$1.98kg/m^3$，其他河流泥沙代表站平均含沙量均小于$0.680kg/m^3$。

我国主要河流输沙量的空间分布极不均匀，总体呈现南北河流低、中部河流高的态势，不同河流间的年输沙量可相差几个数量级。河流年输沙量与流域地貌特征、土壤及植被条件、人类活动和径流量等关系密切。流经黄土高原的黄河是我国年输沙量最高的河流，如潼关站2021年输沙量为1.71亿t；我国大部分河流输沙量年际变化与径流量年际变化基本一致，总体呈下降趋势。河流输沙量减少的主要原因包括水库拦蓄、水土保持、产沙区暴雨强度及流域产汇流特性变化等。

## 二、流域代表站输沙量

2021年，我国主要河流泥沙代表站总输沙量为3.31亿t，主要河流输沙量的空间分布差异大。其中，长江区和黄河区泥沙代表站的年输沙量分别为1.02亿t和1.71亿t，占主要河流泥沙代表站年总输沙量的30.8%和51.7%，西北诸河区黑河仅为3.3万t，仅占主要河流泥沙代表站年总输沙量的万分之一。2021年全国主要河流平均年输沙量、年平均含沙量、输沙模数等及其与2020年和多年平均值比较情况见表4-1。

表 4-1 2021 年全国主要河流代表站泥沙特征值

| 河流 | | 站名 | 控制流域面积/万 $km^2$ | 年平均含沙量/($kg/m^3$) | | | 年输沙量/万 t | | | 输沙模数/[$t/(a \cdot km^2)$] | | | 年平均中数粒径/mm | | | 年径流量/亿 $m^3$ | | |
|---|---|---|---|---|---|---|---|---|---|---|---|---|---|---|---|---|---|---|
| | | | | 2021 年 | 2020 年 | 多年平均 | 2021 年 | 2020 年 | 多年平均 | 2021 年 | 2020 年 | 多年平均 | 2021 年 | 2020 年 | 多年平均 | 2021 年 | 2020 年 | 多年平均 |
| 长江 | | 大通 | 170.54 | 0.106 | 0.146 | 0.392 | 10200 | 16400 | 35100 | 59.8 | 96.2 | 206 | 0.021 | 0.018 | 0.011 | 9646 | 11180 | 8983 |
| 黄河 | | 潼关 | 68.22 | 4.33 | 5.11 | 27.5 | 17100 | 24000 | 92100 | 251 | 352 | 1350 | 0.015 | 0.016 | 0.021 | 395.1 | 469.6 | 335.3 |
| 淮河 | 淮河 | 蚌埠 | 12.13 | 0.112 | 0.190 | 0.309 | 444 | 722 | 808 | 36.6 | 59.5 | 66.6 | | | | 397.7 | 379.2 | 261.7 |
| | 沂河 | 临沂 | 1.03 | 0.043 | 0.629 | 0.932 | 12.7 | 239 | 189 | 12.3 | 232 | 183 | | | | 29.73 | 38.05 | 20.28 |
| | 小计 | | 13.16 | 0.107 | 0.230 | 0.354 | 457 | 961 | 997 | 34.7 | 73.0 | 75.8 | | | | 427.4 | 417.3 | 282.0 |
| 海河 | 桑干河 | 石匣里 | 2.36 | 1.19 | 0.084 | 19.4 | 28.5 | 1.60 | 776 | 12.1 | 0.678 | 329 | 0.006 | 0.042 | 0.029 | 2.398 | 1.909 | 4.009 |
| | 洋河 | 响水堡 | 1.45 | 0.000 | 0.000 | 18.1 | 0.000 | 0.000 | 531 | 0.000 | 0.000 | 366 | | | 0.027 | 0.4137 | 0.2801 | 2.938 |
| | 滦河 | 滦县 | 4.41 | 0.004 | 0.002 | 2.70 | 1.70 | 0.157 | 785 | 0.385 | 0.036 | 178 | | | 0.028 | 46.97 | 9.870 | 29.12 |
| | 潮河 | 下会 | 0.53 | 0.353 | 0.000 | 2.96 | 23.9 | 0.000 | 67.8 | 45.1 | 0.000 | 128 | | | | 6.776 | 0.9999 | 2.294 |
| | 白河 | 张家坟 | 0.85 | 0.273 | 0.003 | 2.30 | 21.7 | 0.105 | 108 | 25.5 | 0.124 | 127 | | | | 7.948 | 3.073 | 4.695 |
| | 沙河 | 阜平 | 0.22 | 0.524 | 0.711 | 1.83 | 25.1 | 17.4 | 44.3 | 114 | 78.7 | 200 | 0.013 | 0.01 | 0.031 | 4.787 | 2.446 | 2.419 |
| | 滹沱河 | 小觉 | 1.40 | 0.939 | 0.000 | 10.3 | 31.7 | 0.000 | 578 | 22.6 | 0.000 | 413 | 0.014 | | 0.029 | 3.376 | 0.9974 | 5.624 |
| | 漳河 | 观台 | 1.78 | 3.02 | 0.000 | 8.31 | 794 | 0.000 | 681 | 446 | 0.000 | 383 | 0.018 | | 0.027 | 26.31 | 0.5456 | 8.197 |
| | 卫河 | 元村集 | 1.43 | 0.140 | 0.104 | 1.38 | 65.8 | 2.81 | 198 | 46.0 | 1.97 | 138 | | | | 46.86 | 2.711 | 14.38 |
| | 小计 | | 14.43 | 0.680 | 0.097 | 5.12 | 992 | 22.1 | 3770 | 68.8 | 1.53 | 261 | | | | 145.8 | 22.83 | 73.68 |
| 珠江 | 西江 | 高要 | 35.15 | 0.033 | 0.084 | 0.258 | 474 | 1830 | 5650 | 13.5 | 52.1 | 161 | | | | 1436 | 2173 | 2186 |
| | 北江 | 石角 | 3.84 | 0.067 | 0.111 | 0.127 | 156 | 404 | 525 | 40.6 | 105 | 137 | | | | 232.9 | 364.0 | 417.8 |
| | 东江 | 博罗 | 2.53 | 0.009 | 0.028 | 0.094 | 6.96 | 44.3 | 217 | 2.75 | 17.5 | 85.5 | | | | 77.73 | 157.1 | 232.0 |
| | 韩江 | 潮安 | 2.91 | 0.009 | 0.013 | 0.227 | 6.78 | 17.6 | 557 | 2.33 | 6.00 | 191 | | | | 72.59 | 134.1 | 245.5 |
| | 南渡江 | 龙塘 | 0.68 | 0.017 | 0.014 | 0.058 | 8.03 | 4.17 | 33.0 | 11.8 | 6.10 | 48.6 | | | | 47.32 | 29.93 | 56.38 |
| | 小计 | | 45.11 | 0.035 | 0.080 | 0.222 | 652 | 2300 | 6980 | 14.5 | 51.0 | 155 | | | | 1867 | 2858 | 3138 |
| 松花江 | 松花江 | 哈尔滨 | 38.98 | 0.116 | 0.082 | 0.140 | 957 | 494 | 570 | 24.6 | 12.7 | 14.6 | | | | 826.9 | 601.2 | 407.4 |
| | 呼兰河 | 秦家 | 0.98 | 0.064 | 0.120 | 0.077 | 16.3 | 38.4 | 17.0 | 16.6 | 39.2 | 17.3 | | | | 25.49 | 32.12 | 22.01 |
| | 牡丹江 | 牡丹江 | 2.22 | 0.100 | 0.657 | 0.207 | 56.4 | 571 | 105 | 25.4 | 257 | 47.3 | | | | 56.39 | 86.95 | 50.80 |
| | 小计 | | 42.18 | 0.113 | 0.153 | 0.144 | 1030 | 1100 | 692 | 24.4 | 26.1 | 16.4 | | | | 908.8 | 720.3 | 480.2 |

续表

| 河流 | | 站名 | 控制流域面积/万 km² | 年平均含沙量/(kg/m³) | | | 年输沙量/万 t | | | 输沙模数/[t/(a·km²)] | | | 年平均中数粒径/mm | | | 年径流量/亿 m³ | | |
|---|---|---|---|---|---|---|---|---|---|---|---|---|---|---|---|---|---|---|
| | | | | 2021 年 | 2020 年 | 多年平均 | 2021 年 | 2020 年 | 多年平均 | 2021 年 | 2020 年 | 多年平均 | 2021 年 | 2020 年 | 多年平均 | 2021 年 | 2020 年 | 多年平均 |
| 辽河 | 辽河 | 铁岭 | 12.08 | 0.365 | 0.428 | 3.47 | 131 | 129 | 992 | 10.8 | 10.7 | 82.1 | 0.016 | 0.031 | 0.029 | 35.88 | 30.13 | 28.62 |
| | 柳河 | 新民 | 0.56 | 3.03 | 3.42 | 16.6 | 57.3 | 38.9 | 331 | 102 | 69.5 | 591 | | | | 1.890 | 1.137 | 1.988 |
| | 浑河 | 邢家窝棚 | 1.11 | 0.153 | 0.157 | 0.376 | 34.1 | 32.1 | 72.7 | 30.7 | 28.9 | 65.5 | 0.034 | 0.034 | 0.044 | 22.28 | 20.43 | 19.31 |
| | 太子河 | 唐马寨 | 1.12 | 0.124 | 0.139 | 0.391 | 50.4 | 34.1 | 94.7 | 45.0 | 30.4 | 84.6 | 0.018 | 0.029 | 0.036 | 40.74 | 24.62 | 24.23 |
| | 小计 | | 14.87 | 0.271 | 0.307 | 2.01 | 273 | 234 | 1490 | 18.4 | 15.7 | 100 | | | | 100.8 | 76.32 | 74.15 |
| 钱塘江 | 兰江 | 兰溪 | 1.82 | 0.118 | 0.138 | 0.132 | 235 | 281 | 227 | 129 | 154 | 125 | | | | 199.3 | 203.6 | 172.0 |
| | 浦阳江 | 诸暨 | 0.17 | 0.071 | 0.059 | 0.134 | 9.15 | 7.98 | 16.0 | 53.2 | 46.4 | 94.1 | | | | 12.90 | 13.49 | 11.91 |
| | 曹娥江 | 上虞东山 | 0.44 | 0.079 | 0.056 | 0.093 | 33.6 | 18.0 | 32.1 | 76.9 | 41.2 | 73.0 | | | | 42.58 | 32.23 | 34.38 |
| | 小计 | | 2.43 | 0.109 | 0.123 | 0.126 | 278 | 307 | 275 | 114 | 126 | 113 | | | | 254.8 | 249.3 | 218.3 |
| 闽江 | 闽江 | 竹岐 | 5.45 | 0.033 | 0.021 | 0.097 | 126 | 88.5 | 525 | 23.1 | 16.2 | 96.3 | | | | 377.0 | 415.0 | 539.7 |
| | 大樟溪 | 永泰（清水壑） | 0.40 | 0.040 | 0.024 | 0.138 | 10.0 | 3.88 | 50.9 | 24.8 | 9.60 | 126 | | | | 25.11 | 16.05 | 36.35 |
| | 小计 | | 5.85 | 0.034 | 0.021 | 0.100 | 136 | 92.4 | 576 | 23.3 | 15.8 | 98.5 | | | | 402.1 | 431.1 | 576.0 |
| 塔里木河 | 塔里木河 | 阿拉尔 | 12.79 | 3.17 | 1.88 | 4.23 | 1480 | 786 | 1990 | | | | | | | 46.53 | 41.78 | 46.46 |
| | 开都河 | 焉耆 | 2.25 | 0.008 | 0.018 | 0.230 | 2.34 | 4.58 | 63.2 | | | | | | | 28.25 | 26.13 | 26.30 |
| | 小计 | | 15.04 | 1.98 | 1.16 | 2.82 | 1480 | 791 | 2050 | 98.4 | 52.6 | 136 | | | | 74.78 | 67.91 | 72.76 |
| | 黑河 | 莺落峡 | 1.00 | 0.019 | 0.214 | 1.15 | 3.30 | 42.4 | 193 | 3.30 | 42.4 | 193 | | | | 17.42 | 19.83 | 16.67 |
| 疏勒河 | 昌马河 | 昌马堡 | 1.10 | 3.37 | 0.987 | 3.38 | 473 | 121 | 348 | 432 | 110 | 316 | | | | 14.03 | 12.25 | 10.29 |
| | 党河 | 党城湾 | 1.43 | 0.891 | 0.509 | 1.96 | 33.4 | 20.8 | 73.0 | 23.3 | 14.5 | 51.0 | | | | 4.033 | 4.091 | 3.734 |
| | 小计 | | 2.53 | 2.80 | 0.867 | 3.00 | 506 | 142 | 421 | 200 | 56.1 | 166 | | | | 18.06 | 16.34 | 14.02 |
| 青海湖 | 布哈河 | 布哈河口 | 1.43 | 0.269 | 0.320 | 0.439 | 31.2 | 55.0 | 41.5 | 21.8 | 38.4 | 28.9 | | | | 11.61 | 17.16 | 9.344 |
| | 依克乌兰河 | 刚察 | 0.14 | 0.184 | 0.181 | 0.295 | 5.69 | 6.48 | 8.44 | 39.5 | 44.9 | 58.5 | | | | 3.093 | 3.580 | 2.836 |
| | 小计 | | 1.57 | 0.251 | 0.297 | 0.410 | 36.9 | 61.5 | 49.9 | 23.5 | 39.2 | 31.8 | | | | 14.70 | 20.74 | 12.18 |
| 全国合计 | | | 396.93 | 0.232 | 0.281 | 1.01 | 33100 | 46500 | 145000 | 83.5 | 117 | 365 | | | | 14270 | 16550 | 14280 |

与2020年相比，长江区和黄河区的输沙量分别减少37.8%和28.8%，辽河、东南诸河区闽江、西北诸河区塔里木河和疏勒河的输沙量增多16.7%～256.3%，海河区的输沙量增多4388.7%，其他一级区的输沙量减少6.4%～92.2%；长江区和黄河区的平均含沙量分别减少27.4%和15.3%，海河、东南诸河区闽江、西北诸河区塔里木河和疏勒河的平均含沙量增多61.9%～601.0%，其他一级区的平均含沙量减少11.4%～91.1%；长江区和黄河区的输沙模数分别减少37.7%和28.7%，辽河、东南诸河区闽江、西北诸河区塔里木河和疏勒河的输沙模数增多17.2%～256.5%，海河区的输沙模数增多4396.7%，其他一级区的输沙模数减少9.5%～92.2%。

与多年平均值相比，长江区和黄河区的输沙量分别偏少70.9%和81.4%，松花江和西北诸河区疏勒河的输沙量分别偏多48.9%和20.2%，东南诸河区钱塘江的输沙量基本持平，其他一级区的输沙量偏少26.1%～98.3%；长江区和黄河区的平均含沙量分别偏少73.0%和84.3%，其他一级区的平均含沙量偏少6.7%～98.4%；长江区和黄河区的输沙模数分别偏少71.0%和81.4%，松花江区和西北诸河区疏勒河的输沙模数偏多48.8%和20.5%，东南诸河区钱塘江的输沙模数基本不变，其他一级区的输沙模数偏少26.1%～98.3%。

## 三、水文控制站输沙量

### （一）实测输沙量与2020年度比较

2021年，全国主要水文控制站的输沙量与2020年度相比，在选用的85个水文控制站中，38.1%的水文控制站增多，5.9%的水文控制站基本持平，56.0%的水文控制站减少，见图4-1。

与2020年相比，2021年长江区和黄河区主要水文控制站年实测输沙量分别减少15.4%～76.7%和22.6%～76.1%；淮河区受上游暴雨影响，鲁台子站、阜阳站和蒙城站年实测输沙量分别增多202.3%、2587.0%和75.6%，其他站减少38.5%～94.7%；海河区除雁翅站年实测输沙量减少和响水堡站基本持平外，张家坟站增多20566.7%，其他站增多44.3%～2241.6%，这与海河南系漳卫河等地发生的大洪水密切相关；珠江区除龙塘站年实测输沙量增多92.6%和小龙潭站基本持平外，其他站均减少30.7%～84.3%；受松花江上游发生的大洪水影响，松花江区哈尔滨站、江桥站和大赉站年实测输沙量分别增多93.7%、218.2%和53.0%，秦家站、牡丹江站和扶余站分别减少57.6%、90.1%和26.4%；受辽河上游暴雨洪水影响，辽河区主要水文控制站的年实测输沙量除铁岭站基本持平外，其他站增多6.2%～486.3%；受浙闽沿海暴雨洪水影响，东南诸河区洋口站年实测输沙量基本持平，兰溪站和沙县站分别减少16.4%和40.4%，其他站增多14.7%～157.7%；西北诸河区西大桥站基本持平，阿拉尔站、同古孜洛克站、昌马堡站和党城湾站分别增多88.3%、46.6%、290.9%和60.6%，其他站减少12.2%～92.2%。

### （二）实测输沙量与多年平均值比较

2021年，全国主要水文控制站的输沙量与多年平均值相比，11.9%的水文控制站偏多，5.9%的水文控制站基本持平，82.2%的水文控制站偏少，见图4-2。

图 4－1　2021 年主要水文控制站实测输沙量与 2020 年偏差百分比

图 4－2　2021 年主要水文控制站实测输沙量与多年平均值偏差百分比

与多年平均值相比，2021 年全国大部分重要水文控制站实测输沙量均偏少。黄河区、辽河区主要水文控制站实测输沙量分别偏少 20.0%～90.7%、30.0%～98.7%；长江区除直门达站实测输沙量偏多 35.0%外，其他站实测输沙量偏少 20.2%～99.5%；淮河区阜阳和鲁台子站实测输沙量分别偏多 46.7%和 10.7%，其他站实测输沙量偏少 14.3%～93.3%；海河区除观台站实测输沙量偏多 16.6%外，其他各站实测输沙量偏少 43.3%～100.0%；珠江区除柳州站基本持平外，其他站实测输沙量偏少 62.1%～99.4%；松花江区秦家站实测输沙量基本持平，扶余站和牡丹江站实测输沙量分别偏少 72.4%和 46.3%，哈尔滨、江桥站和大赉站实测输沙量分别偏多 68.0%、443.0%和 331.3%，与松花江、嫩江发生的大洪水有关；东南诸河区兰溪站和上虞东山站实测输沙量基本持平，七里街站偏多 32.7%，其他站偏少 14.7%～92.9%；西北诸河区同古孜洛克和昌马堡站实测输沙量分别偏多 38.2%和 35.9%，其他站减少 24.8%～98.3%。

### （三）输沙量年内分布

2021 年，主要水文控制站的输沙量主要集中在洪水期，具体发生在“7·20”郑州暴雨洪水、2021 年 8 月下旬至 10 月下旬的秋汛洪水、2021 年 7 月下旬台风“烟花”暴雨洪水和 2021 年黑龙江区夏季暴雨洪水期间。全国部分主要水文控制站实测输沙量的逐月变化过程见图 4－3。

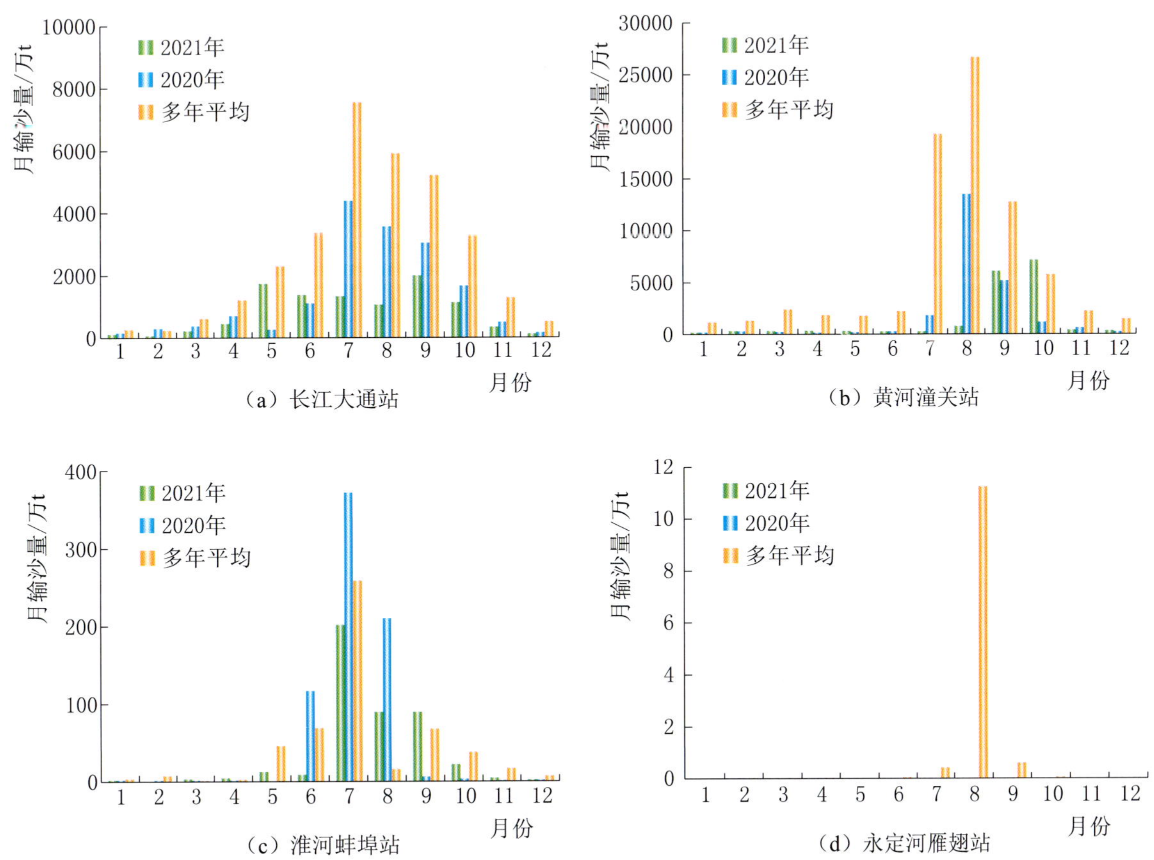


图 4－3（一）　全国部分主要水文控制站实测输沙量逐月变化过程

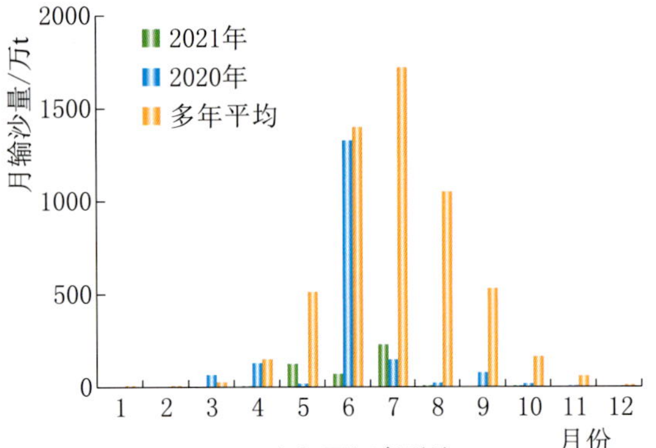


（e）西江高要站

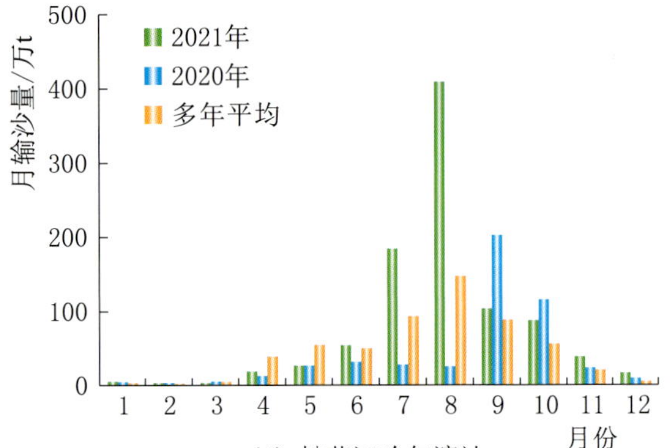


（f）松花江哈尔滨站

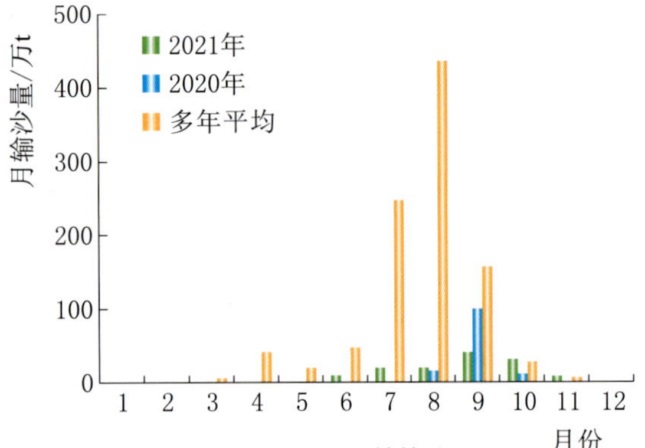


（g）辽河铁岭站

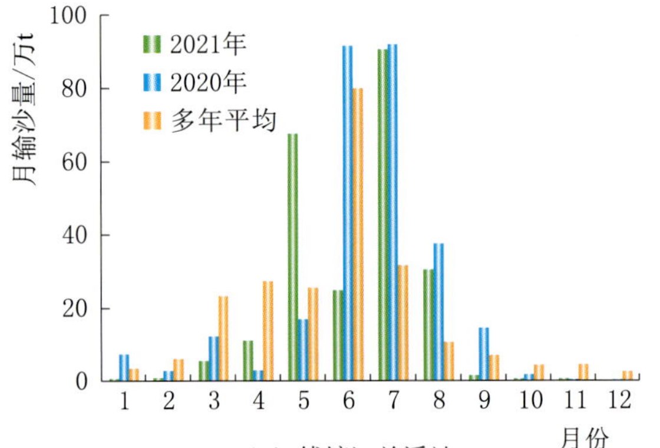


（h）钱塘江兰溪站

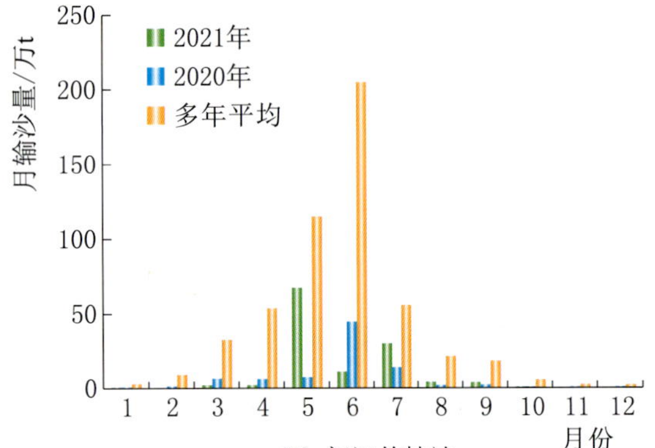


（i）闽江竹岐站

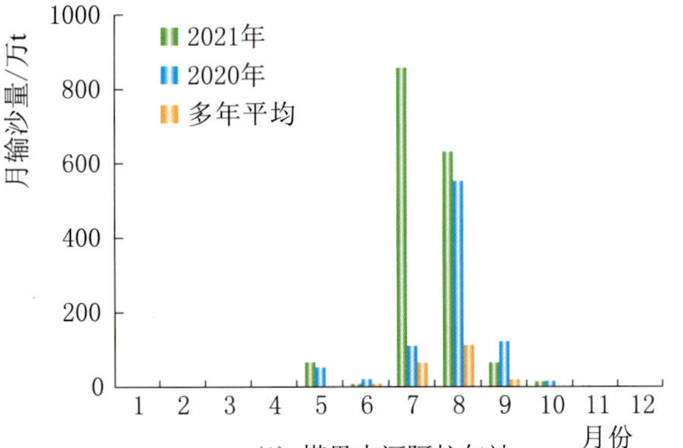


（j）塔里木河阿拉尔站

**图 4-3（二） 全国部分主要水文控制站实测输沙量逐月变化过程**

2021 年，长江干流主要水文控制站 5—10 月输沙量占全年的 78.7%～99.5%，其中大通站为 86.1%；黄河干流 7—10 月输沙量占全年的 34.6%～99.9%，其中潼关站为 83.9%；淮河区 7—10 月输沙量占全年的 83.1%～100.0%，其中蚌埠站为 90.9%；海河区响水堡和雁翅站输沙量近似为 0，其他站 7—10 月输沙量占全年的 89.4%～100.0%；珠江区 5—10 月输沙量占全年的 63.2%～100.0%，其中高要站为 94.7%；松花江区 6—10 月输沙量占全年的 84.6%～95.2%，其中哈尔滨站为 87.9%；辽河区 6—10 月输沙量占全年的 65.8%～100.0%，其中铁岭站为 93.2%；东南诸河区钱塘江 4—10 月输沙量占全年的 94.2%～98.4%，闽江 4—9 月输沙量占全年的 82.2%～100.0%，其中兰溪和竹岐站分别为 96.5%和 95.0%；西北诸河区塔里木河 5—9 月输沙量占全年的 58.2%～99.1%，其中阿拉尔站为 98.8%。青海湖流域布哈河口站和刚察站 5—9 月输沙量分别占全年的 99.7%和 98.9%，黑河干流莺落峡站和正义峡站 5—10 月输沙量分别占全年的 100.0%和 60.5%，疏勒河昌马堡站和党城湾站 5—10 月输沙量分别占全年的 99.3%和 83.9%。

2021 年，各一级区主要水文控制站实测输沙量逐月值与多年平均值和上年值相比，大部分控制站实测输沙量有明显减小，个别控制站部分月实测输沙量出现增加，这主要与所在流域发生的暴雨洪水相关。另外，水库调蓄运行、水土保持等人类活动对河流输沙量年内分配的影响也很大。

珠江源（王永勇　摄）

# 第五章 地下水

## 一、概述

根据全国18753个地下水站2021年及2020年同期监测成果，14923个浅层地下水站中水位呈稳定态势的占比为38.8%，呈上升态势的占比为48.7%，呈下降态势的占比为12.5%；水位上升超过2m的占比为17.4%，水位下降超过2m的占比为3.3%。3830个深层地下水站中水位呈稳定态势的占比为26.6%，呈上升态势的占比为58.9%，呈下降态势的占比为14.5%；水位上升超过2m的测站占比为27.0%，水位下降超过2m的测站占比为6.4%。

2021年末与2020年同期相比，10个一级区浅层和深层地下水水位均呈稳定或上升态势。开展浅层地下水监测的29个主要平原及盆地中，28个平原及盆地浅层地下水水位呈稳定或上升态势，1个平原浅层地下水水位呈下降态势；开展深层地下水监测的23个主要平原及盆地中，20个平原及盆地深层地下水水位呈稳定或上升态势，3个盆地深层地下水水位呈下降态势。开展浅层地下水监测的11个重点区域及开展深层地下水监测的8个重点区域水位呈稳定或上升态势。

## 二、一级区地下水动态

2021年末与2020年同期相比，10个一级区浅层地下水呈稳定或上升态势，地下水平均水位变幅为0～2.9m。各一级区浅层地下水水位年变化情况见表5-1。

2021年末与2020年同期相比，10个一级区深层地下水均呈稳定或上升态势，仅珠江区深层地下水平均水位下降0.1 m，其余9个一级区深层地下水平均水位变幅为0.1～4.5m。各一级区深层地下水水位年变化情况见表5-2。

表 5-1　一级区浅层地下水水位年变化情况

| 一级区 | 总站数/个 | 上升站点占比/% | | | | 稳定站点占比/% | | | 下降站点点占比/% | | | | 2020年末平均埋深/m | 2021年末平均埋深/m | 水位变幅/m |
|---|---|---|---|---|---|---|---|---|---|---|---|---|---|---|---|
| | | 上升超2m | 上升1～2m | 上升0.5～1m | 小计 | −0.5～0m | 0～0.5m | 小计 | 下降0.5～1m | 下降1～2m | 下降超2m | 小计 | | | |
| 松花江区 | 1965 | 3.9 | 10.5 | 20.9 | 35.3 | 32.0 | 19.8 | 51.8 | 7.1 | 3.8 | 2.0 | 12.9 | 7.2 | 6.9 | 0.3 |
| 辽河区 | 1190 | 14.5 | 24.1 | 24.5 | 63.1 | 27.0 | 7.2 | 34.2 | 1.1 | 0.8 | 0.8 | 2.7 | 6.1 | 5.1 | 1.0 |
| 海河区 | 2719 | 45.3 | 19.9 | 12.9 | 78.1 | 9.9 | 6.4 | 16.3 | 2.4 | 1.7 | 1.5 | 5.6 | 18.2 | 15.3 | 2.9 |
| 黄河区 | 2424 | 13.7 | 11.7 | 15.6 | 41.0 | 24.3 | 17.5 | 41.8 | 6.5 | 5.0 | 5.7 | 17.2 | 19.2 | 18.7 | 0.5 |
| 淮河区 | 1967 | 24.3 | 17.3 | 16.2 | 57.8 | 23.3 | 13.0 | 36.3 | 3.1 | 1.0 | 1.8 | 5.9 | 6.3 | 5.1 | 1.2 |
| 长江区 | 1787 | 7.6 | 8.6 | 15.1 | 31.3 | 27.4 | 22.7 | 50.1 | 8.0 | 4.9 | 5.7 | 18.6 | 6.9 | 6.7 | 0.2 |
| 东南诸河区 | 493 | 3.5 | 14.8 | 31.2 | 49.5 | 27.2 | 13.6 | 40.8 | 4.7 | 2.2 | 2.8 | 9.7 | 6.6 | 6.3 | 0.3 |
| 珠江区 | 628 | 12.7 | 11.8 | 22.0 | 46.5 | 29.2 | 12.7 | 41.9 | 4.1 | 3.0 | 4.5 | 11.6 | 7.3 | 6.7 | 0.6 |
| 西南诸河区 | 208 | 6.2 | 10.6 | 23.6 | 40.4 | 28.8 | 15.4 | 44.2 | 4.3 | 5.8 | 5.3 | 15.4 | 8.6 | 8.5 | 0.1 |
| 西北诸河区 | 1542 | 3.9 | 8.2 | 13.3 | 25.4 | 24.4 | 23.7 | 48.1 | 12.9 | 8.7 | 4.9 | 26.5 | 26.7 | 26.7 | 0.0 |
| 合计 | 14923 | 17.4 | 14.1 | 17.2 | 48.7 | 23.6 | 15.2 | 38.8 | 5.6 | 3.6 | 3.3 | 12.5 | | | |

表 5-2　一级区深层地下水水位年变化情况

| 一级区 | 总站数/个 | 上升站点占比/% | | | | 稳定站点占比/% | | | 下降站点点占比/% | | | | 2020年末平均埋深/m | 2021年末平均埋深/m | 水位变幅/m |
|---|---|---|---|---|---|---|---|---|---|---|---|---|---|---|---|
| | | 上升超2m | 上升1～2m | 上升0.5～1m | 小计 | −0.5～0m | 0～0.5m | 小计 | 下降0.5～1m | 下降1～2m | 下降超2m | 小计 | | | |
| 松花江区 | 206 | 5.4 | 9.2 | 25.2 | 39.8 | 27.2 | 19.9 | 47.1 | 6.3 | 3.9 | 2.9 | 13.1 | 12.7 | 12.6 | 0.1 |
| 辽河区 | 93 | 32.1 | 28.0 | 22.6 | 82.7 | 12.9 | 1.1 | 14.0 | 2.2 | 1.1 | 0.0 | 3.3 | 5.8 | 4.2 | 1.6 |
| 海河区 | 983 | 59.8 | 17.1 | 6.9 | 83.8 | 5.5 | 4.0 | 9.5 | 1.6 | 1.2 | 3.9 | 6.7 | 48.8 | 44.3 | 4.5 |
| 黄河区 | 465 | 24.5 | 20.2 | 16.6 | 61.3 | 10.3 | 7.1 | 17.4 | 4.7 | 6.9 | 9.7 | 21.3 | 44.6 | 43.4 | 1.2 |
| 淮河区 | 771 | 22.9 | 16.5 | 15.7 | 55.1 | 16.9 | 8.8 | 25.7 | 4.3 | 4.9 | 10.0 | 19.2 | 21.6 | 20.9 | 0.7 |
| 长江区 | 995 | 8.9 | 16.8 | 16.7 | 42.4 | 26.7 | 15.9 | 42.6 | 5.0 | 4.0 | 6.0 | 15.0 | 9.4 | 9.1 | 0.3 |
| 东南诸河区 | 70 | 5.7 | 48.6 | 24.3 | 78.6 | 11.4 | 2.9 | 14.3 | 5.7 | 1.4 | 0.0 | 7.1 | 8.8 | 7.9 | 0.9 |
| 珠江区 | 193 | 9.3 | 10.9 | 14.0 | 34.2 | 21.8 | 19.1 | 40.9 | 8.3 | 8.3 | 8.3 | 24.9 | 14.6 | 14.7 | −0.1 |
| 西南诸河区 | 13 | 15.3 | 0.0 | 23.1 | 38.4 | 0.0 | 30.8 | 30.8 | 15.4 | 7.7 | 7.7 | 30.8 | 9.9 | 8.3 | 1.6 |
| 西北诸河区 | 41 | 9.9 | 14.6 | 14.6 | 39.1 | 26.8 | 19.5 | 46.3 | 9.8 | 2.4 | 2.4 | 14.6 | 30.2 | 29.8 | 0.4 |
| 合计 | 3830 | 27.0 | 17.3 | 14.6 | 58.9 | 16.4 | 10.2 | 26.6 | 4.2 | 3.9 | 6.4 | 14.5 | | | |

## 三、主要平原及盆地地下水动态

全国主要平原及盆地2021年末地下水平均埋深及与2020年同期相比水位年变幅情况见表5-3。

表5-3　全国主要平原及盆地2021年末地下水平均埋深及水位年变幅情况

| 一级区 | 平原名称 | 浅层地下水平均埋深/m | | | 深层地下水平均埋深/m | | |
|---|---|---|---|---|---|---|---|
| | | 2020年末 | 2021年末 | 水位变幅 | 2020年末 | 2021年末 | 水位变幅 |
| 松花江区 | 三江平原 | 7.8 | 8.3 | -0.5 | | | |
| | 松嫩平原 | 7.6 | 7.2 | 0.4 | 12.4 | 12.2 | 0.2 |
| | 穆棱兴凯平原 | 4.9 | 5.1 | -0.2 | | | |
| 辽河区 | 辽河平原 | 5.1 | 4.3 | 0.8 | 4.9 | 3.1 | 1.8 |
| 海河区 | 海河平原 | 14.2 | 12.1 | 2.1 | 50.3 | 45.7 | 4.6 |
| | 大同盆地 | 16.9 | 17.1 | -0.2 | 29.8 | 30.8 | -1.0 |
| | 忻定盆地 | 16.7 | 16.7 | 0.0 | 15.0 | 14.4 | 0.6 |
| | 长治盆地 | 12.7 | 9.5 | 3.2 | 16.9 | 14.1 | 2.8 |
| 淮河区、黄河区 | 黄淮平原 | 4.8 | 4.0 | 0.8 | 21.1 | 20.9 | 0.2 |
| 黄河区 | 运城盆地 | 24.0 | 21.0 | 3.0 | 71.6 | 72.8 | -1.2 |
| | 临汾盆地 | 21.4 | 19.3 | 2.1 | 56.1 | 55.3 | 0.8 |
| | 太原盆地 | 20.9 | 20.2 | 0.7 | 29.9 | 29.6 | 0.3 |
| | 内蒙古呼包平原 | 11.6 | 13.2 | -1.6 | | | |
| | 内蒙古河套平原 | 4.5 | 4.7 | -0.2 | | | |
| | 陕西关中平原 | 37.4 | 36.5 | 0.9 | 38.3 | 36.8 | 1.5 |
| | 宁夏银川卫宁平原 | 6.4 | 6.1 | 0.3 | 4.0 | 3.7 | 0.3 |
| 长江区 | 江汉平原 | 4.5 | 4.7 | -0.2 | 4.4 | 4.2 | 0.2 |
| | 鄱阳湖平原 | 4.7 | 5.0 | -0.3 | 10.5 | 9.8 | 0.7 |
| | 长江三角洲平原 | 3.2 | 3.3 | -0.1 | 10.1 | 9.6 | 0.5 |
| | 河南南襄山间平原区 | 8.4 | 7.8 | 0.6 | 19.1 | 13.7 | 5.4 |
| | 成都平原 | 5.8 | 5.1 | 0.7 | | | |
| 东南诸河区 | 浙东沿海一般平原 | 5.1 | 4.7 | 0.4 | 10.0 | 8.9 | 1.1 |
| 珠江区 | 广东珠江三角洲一般平原 | 3.8 | 3.4 | 0.4 | 2.4 | 2.4 | 0.0 |
| | 雷州半岛一般平原 | 5.0 | 4.4 | 0.6 | 17.2 | 16.6 | 0.6 |
| | 琼北台地一般平原 | 10.8 | 9.9 | 0.9 | 20.0 | 20.0 | 0.0 |
| 西北诸河区 | 甘肃河西走廊平原 | 27.5 | 27.8 | -0.3 | 7.6 | 6.7 | 0.9 |
| | 青海柴达木盆地 | 7.0 | 6.7 | 0.3 | | | |
| | 新疆塔里木盆地 | 12.8 | 12.4 | 0.4 | 20.8 | 20.8 | 0.0 |
| | 新疆准噶尔盆地 | 27.8 | 27.3 | 0.5 | 33.2 | 34.2 | -1.0 |

2021年末与2020年同期相比，在29个监测浅层地下水的主要平原及盆地中，海河平原等12个平原及盆地浅层地下水平均水位年变幅超过0.5m，呈上升态势；松嫩平原等8个平原及盆地平均水位年变幅为0（含）～0.5m，三江平原等8个平原及盆地平均水位年变幅为－0.5～0m，呈稳定态势；呼包平原浅层地下水平均水位年变幅为－1.6m，呈下降态势。开展深层地下水监测的23个主要平原及盆地中，海河平原等11个平原及盆地深层地下水平均水位年变幅超过0.5m，呈上升态势；松嫩平原等9个平原及盆地平均水位年变幅为0～0.5m，呈稳定态势；山西大同盆地、运城盆地及新疆准噶尔盆地3个盆地平均水位年变幅超过－1.0m，呈下降态势。

辽河平原2021年末浅层地下水平均埋深4.3m，与2020年同期相比地下水平均水位上升0.8m，地下水水位稳定区面积占比为24.4%，水位上升区面积占比为72.8%，水位下降区面积占比为2.8%，辽河平原2021年末地下水埋深及与2020年同期相比地下水埋深变化分布见图5－1。

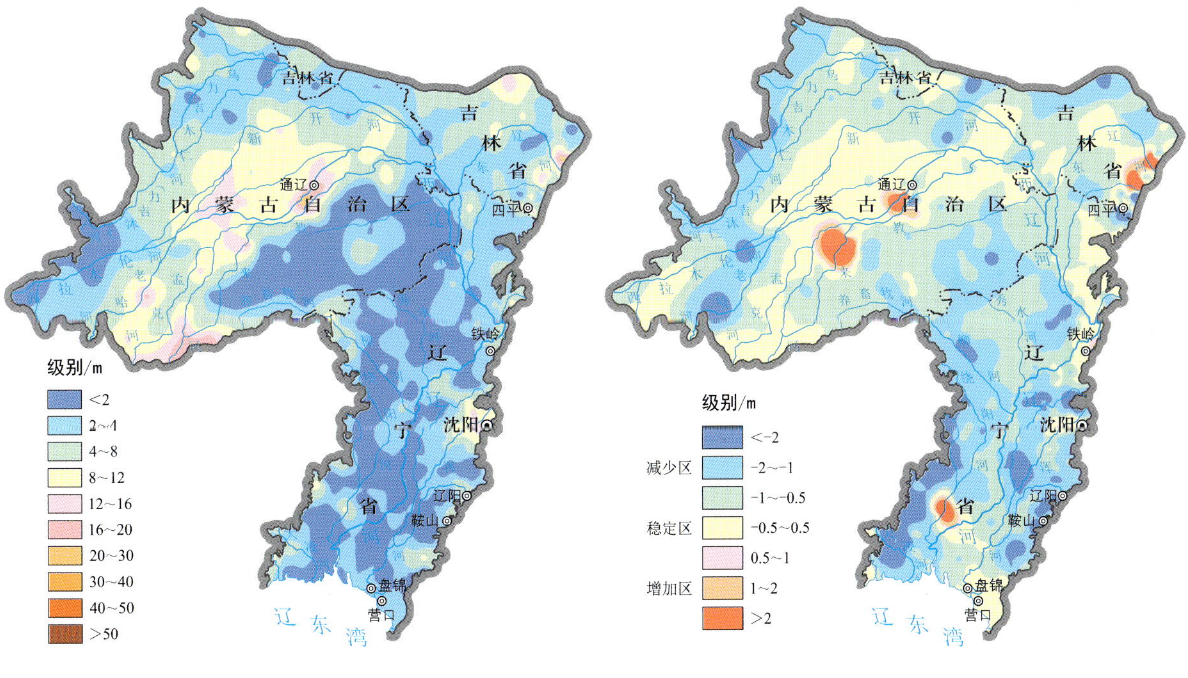


（a）2021年末地下水埋深分布　　（b）2021年末与2020年同期相比地下水埋深变化分布

**图5－1　辽河平原2021年末地下水埋深及与2020年同期相比地下水埋深变化分布**

海河平原2021年末浅层地下水平均埋深12.1m，与2020年同期相比地下水平均水位上升2.1m，地下水水位稳定区占比为10.0%，水位上升区占比为88.6%，水位下降区占比为1.4%，海河平原2021年末地下水埋深及与2020年同期相比地下水埋深变化分布见图5－2。

黄淮平原2021年末浅层地下水平均埋深为4.0m，与2020年同期相比水位上升0.8m，地下水水位稳定区占比为44.3%，水位上升区占比为50.1%，水位下降区占比

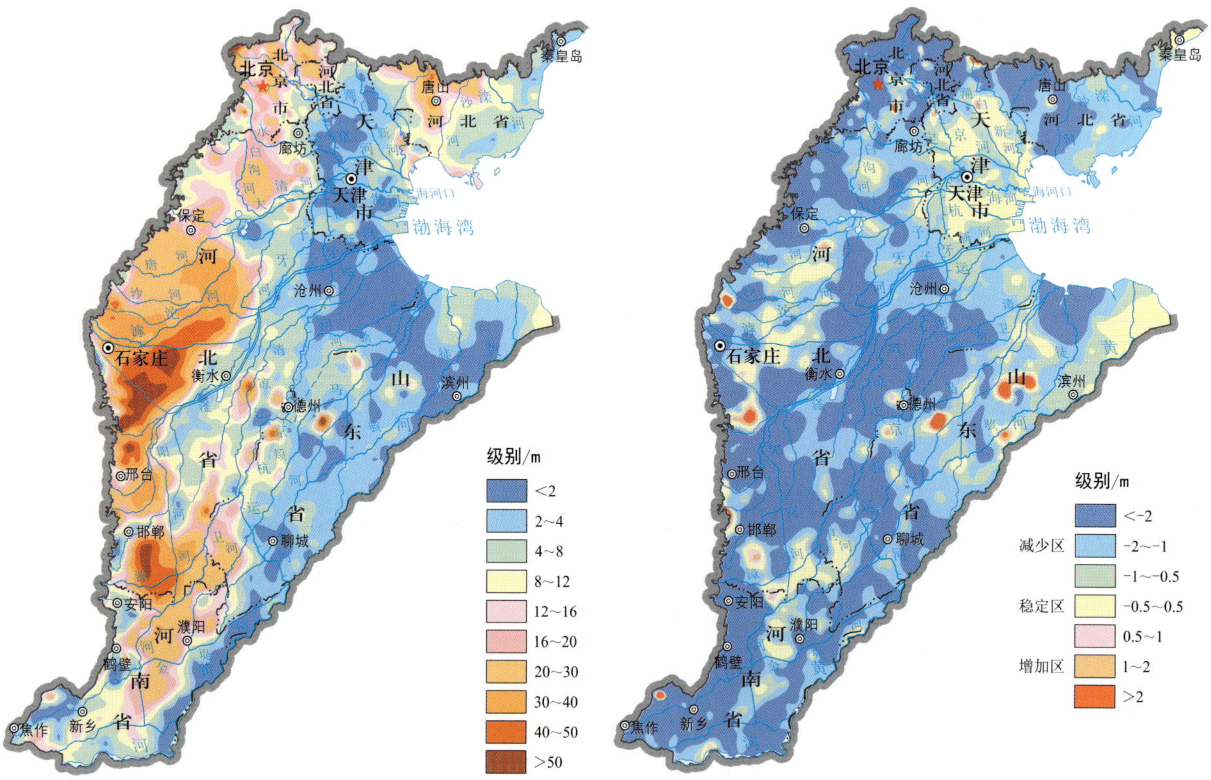


（a）2021年末地下水埋深分布　　（b）2021年末与2020年同期相比地下水埋深变化分布

**图 5－2　海河平原 2021 年末地下水埋深及与 2020 年同期相比地下水埋深变化分布**

为 5.6%，黄淮平原 2021 年末地下水埋深及与 2020 年同期相比地下水埋深变化分布见图 5－3。

## 四、重点区域地下水动态

对 11 个重点区域的 7252 个浅层地下水水位监测站数据进行统计，2021 年末与 2020 年同期相比，三江平原（重点）、松嫩平原（重点）、鄂尔多斯台地、河西走廊（重点）、天山南北麓与吐哈盆地浅层地下水呈稳定态势，地下水平均水位变幅为－0.4～0.5m；华北地区、辽河平原（重点）、西辽河流域、黄淮地区（重点）、汾渭谷地、北部湾地区浅层地下水呈上升态势，地下水平均水位变幅为 0.6～3.3m。

对 8 个重点区域的 1826 个深层地下水水位监测站数据进行统计，松嫩平原（重点）、天山南北麓与吐哈盆地深层地下水呈稳定态势，地下水平均水位变幅为－0.1～0.1m；华北地区、辽河平原（重点）、黄淮地区（重点）、河西走廊（重点）、汾渭谷地、北部湾地区深层地下水呈上升态势，地下水平均水位变幅为 0.7～5.0m。重点区域地下水水位年变幅情况见表 5－4。

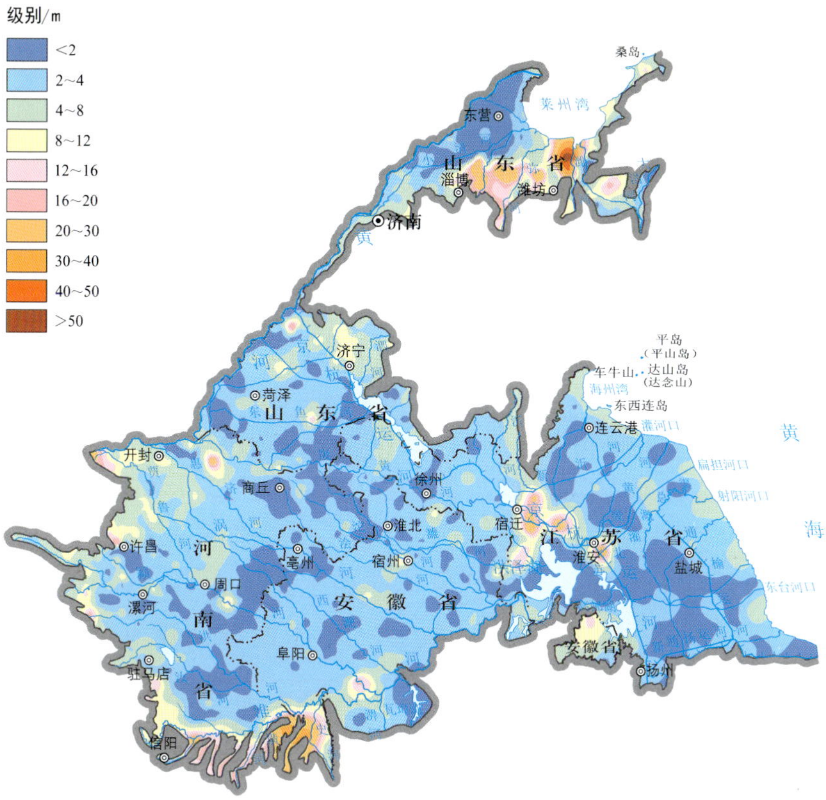


(a) 2021年末地下水埋深分布

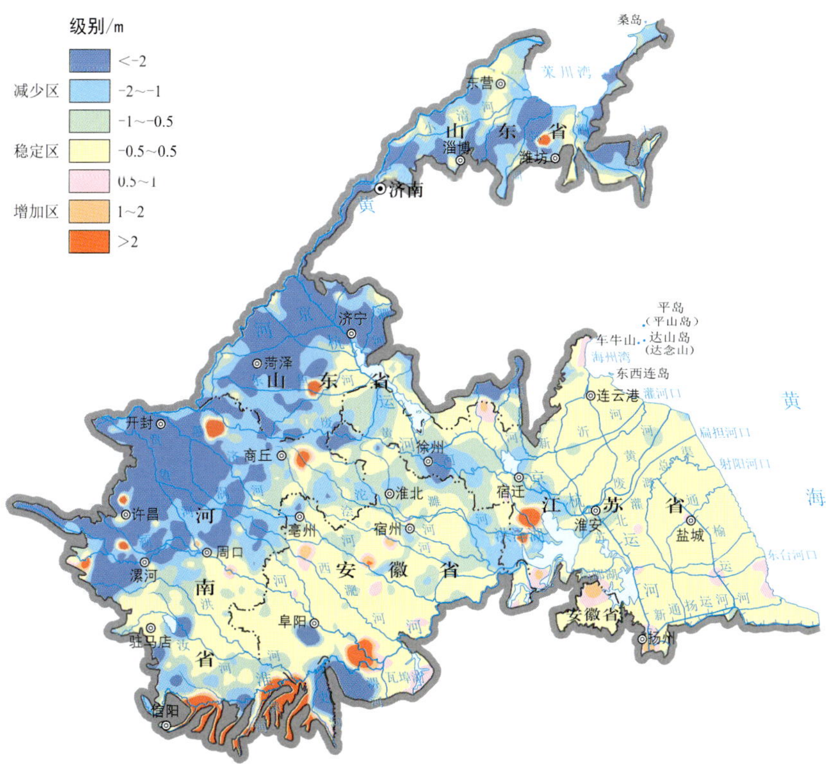


(b) 2021年末与2020年同期相比地下水埋深变化分布

图 5－3　黄淮平原 2021 年末地下水埋深及与 2020 年同期相比地下水埋深变化分布

表 5-4　重点区域地下水水位年变幅情况

| 重点区域名称 | | 浅层地下水平均埋深/m | | | 深层地下水平均埋深/m | | |
|---|---|---|---|---|---|---|---|
| | | 2020年末 | 2021年末 | 水位变幅 | 2020年末 | 2021年末 | 水位变幅 |
| 华北地区 | 北京市、天津市、石家庄市、唐山市、秦皇岛市、邯郸市、邢台市、保定市、张家口市、沧州市、廊坊市、衡水市 | 20.2 | 16.9 | 3.3 | 53.5 | 48.5 | 5.0 |
| 三江平原（重点） | 鸡西市、鹤岗市、双鸭山市、佳木斯市 | 6.7 | 7.1 | −0.4 | | | |
| 松嫩平原（重点） | 哈尔滨市、绥化市、白城市 | 8.4 | 7.9 | 0.5 | 9.5 | 9.6 | −0.1 |
| 辽河平原（重点） | 沈阳市、锦州市、朝阳市、阜新市 | 5.9 | 4.3 | 1.6 | 5.6 | 3.2 | 2.4 |
| 西辽河流域 | 赤峰市、通辽市 | 8.8 | 8.2 | 0.6 | | | |
| 黄淮地区（重点） | 淮北市、阜阳市、亳州市、济南市、滨州市、东营市、淄博市、济宁市、德州市、聊城市、菏泽市、郑州市、开封市、平顶山市、安阳市、鹤壁市、新乡市、焦作市、许昌市、濮阳市、南阳市、商丘市、周口市 | 8.6 | 6.4 | 2.2 | 28.3 | 26.0 | 2.3 |
| 鄂尔多斯台地 | 呼和浩特市、包头市、乌海市、鄂尔多斯市、乌兰察布市、锡林郭勒盟、巴彦淖尔市 | 11.2 | 11.6 | −0.4 | | | |
| 河西走廊（重点） | 张掖市、嘉峪关市、金昌市、武威市、酒泉市 | 29.8 | 30.1 | −0.3 | 7.6 | 6.7 | 0.9 |
| 汾渭谷地 | 大同市、朔州市、忻州市、太原市、阳泉市、晋中市、长治市、晋城市、运城市、临汾市、吕梁市、西安市、咸阳市 | 24.7 | 23.7 | 1.0 | 43.4 | 42.6 | 0.8 |
| 天山南北麓与吐哈盆地 | 乌鲁木齐市、昌吉回族自治州、博尔塔拉蒙古自治州、塔城地区、石河子市、吐鲁番市、哈密市、巴音郭楞蒙古自治州、伊犁州 | 34.4 | 34.5 | −0.1 | 47.3 | 47.2 | 0.1 |
| 北部湾地区 | 湛江市、北海市 | 9.8 | 8.8 | 1.0 | 17.1 | 16.4 | 0.7 |

太湖秋意（陈甜　提供）

# 第六章 水生态

## 一、概述

2021年，水利部确定了两批重点河湖生态流量保障目标。扣除不具备监测条件、按分期或年水量评价、不在考核期、工程暂未建成的断面外，全国纳入保障目标满足程度分析的生态流量控制断面有147个。根据全年流量资料统计，满足程度为100%的断面有104个，占断面总数的70.7%；满足程度小于100%大于90%的断面有40个，占断面总数的27.2%。珠江区东江龙川、韩江长治（溪口）、黄泥河长底等3个断面满足程度小于90%。

在华北地区15条河流和7个湖泊开展生态补水后，补水河湖水面面积和有水河道长度均有明显增加。2021年12月末补水河湖水面面积较2021年1月初增加24.0$km^2$，有水河道长度增加416.1km。

## 二、河湖生态流量状况

全国重点河湖生态流量保障目标满足程度统计见图6－1和表6－1。2021年，松花江区、辽河区、海河区、黄河区、淮河区、长江区、东南诸河区所有控制断面生态流量满足程度均大于90%，珠江区因发生旱

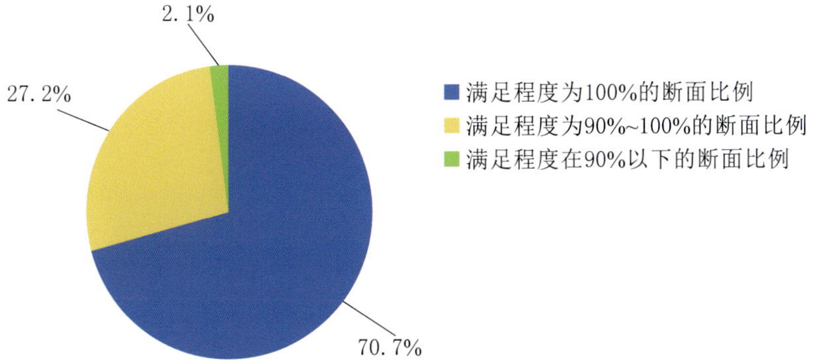


图6－1　全国重点河湖生态流量保障目标满足程度统计

情，东江龙川、韩江长治（溪口）、黄泥河长底3个断面生态流量满足程度小于90%，日均流量小于生态流量目标的天数分别为71d、45d、41d，满足程度分别为80.5%、87.7%、88.8%。

表6-1　全国重点河湖生态流量保障目标满足程度统计　单位：个

| 一级区 | 控制断面数量 | 满足程度为100%的断面数量 | 满足程度为90%～100%的断面数量 | 满足程度小于90%的断面数量 |
|---|---|---|---|---|
| 松花江区 | 16 | 14 | 2 | 0 |
| 辽河区 | 9 | 7 | 2 | 0 |
| 海河区 | 6 | 5 | 1 | 0 |
| 黄河区 | 12 | 11 | 1 | 0 |
| 淮河区 | 17 | 15 | 2 | 0 |
| 长江区 | 59 | 41 | 18 | 0 |
| 其中：太湖流域 | 3 | 2 | 1 | 0 |
| 东南诸河区 | 5 | 2 | 3 | 0 |
| 珠江区 | 23 | 9 | 11 | 3 |
| 合　计 | 147 | 104 | 40 | 3 |

2021年，珠江区东江龙川断面的实测年均流量为55.8$m^3/s$，最大日均流量为167$m^3/s$，最小日均流量为6.33$m^3/s$。水利部批复的该断面生态流量目标值为35.0$m^3/s$，该断面的满足程度为80.5%，不满足天数为71d。该断面2021年逐日流量过程线见图6-2。

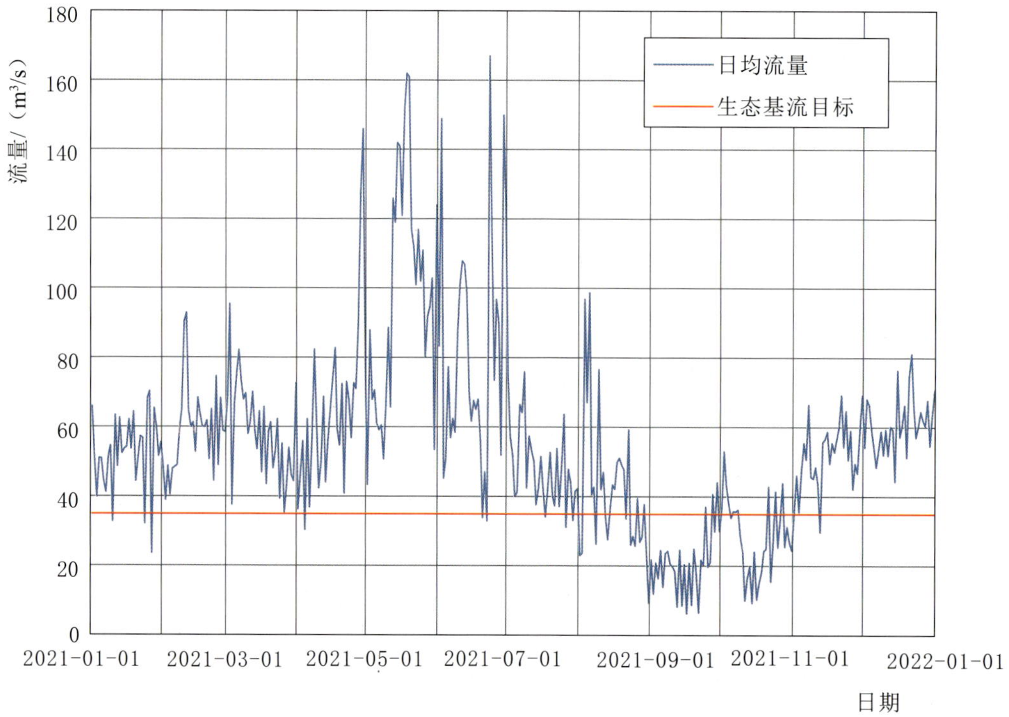


图6-2　龙川断面2021年逐日流量过程线

2021年，珠江区韩江长治（溪口）断面的实测年均流量为93.5$m^3/s$，最大日均流量为507$m^3/s$，最小日均流量为3.12$m^3/s$。水利部批复的该断面生态流量目标值为

44.0$m^3/s$，该断面的满足程度为 87.7%，不满足天数为 45d。该断面 2021 年逐日流量过程线见图 6－3。

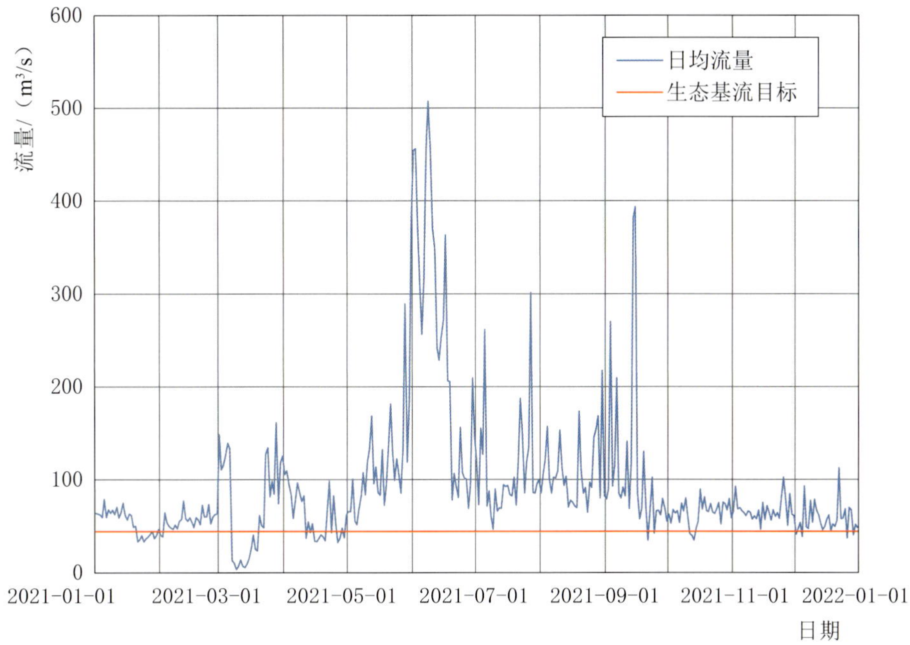


**图 6－3 长治（溪口）断面 2021 年逐日流量过程线**

2021 年，珠江区黄泥河长底断面的实测年均流量为 49.4$m^3/s$，最大日均流量为 241$m^3/s$，最小日均流量为 7.03$m^3/s$。水利部批复的该断面生态流量目标值为 12.4$m^3/s$，该断面的满足程度为 88.8%，不满足天数为 41d。该断面 2021 年逐日流量过程线见图 6－4。

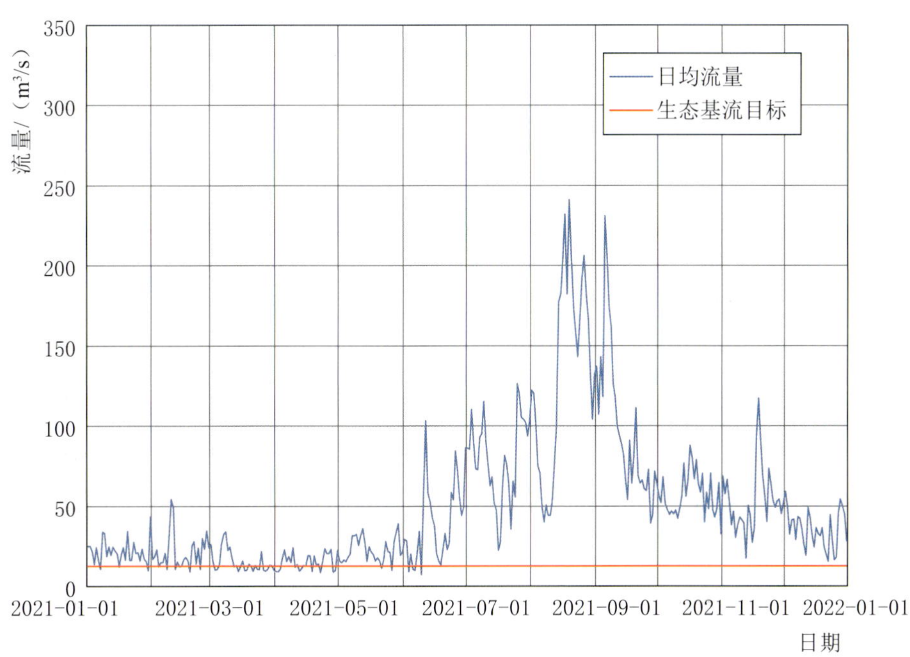


**图 6－4 长底断面 2021 年逐日流量过程线**

## 三、华北地区河湖生态补水

2021 年，为加快复苏河湖生态环境，水利部组织开展了华北地区地下水超采综合治理河湖生态补水，推动华北地区地下水超采综合治理取得实效。截至 2021 年 12 月 31 日，京津冀三省（直辖市）在 15 条河流和 7 个湖泊开展生态补水，累计补水 67.14 亿 $m^3$。补水水源包括南水北调中线补水 15.94 亿 $m^3$，引黄补水 2.759 亿 $m^3$，上游水库补水 32.39 亿 $m^3$，再生水及其他水源补水 16.05 亿 $m^3$。

通过利用多源国产卫星遥感影像对华北地区 22 条（个）补水河湖进行持续监测分析，结果表明，补水河湖水面面积和有水河道长度均有明显增加。与 2021 年 1 月初相比，12 月末补水河湖水面面积增加 24.0$km^2$，为 1 月初的 1.05 倍；有水河道长度增加 416.1km，为 1 月初的 1.21 倍。

22 条（个）补水河湖中，有 17 条（个）河湖较 1 月初水面面积增加，共增加 125.8$km^2$，其中漳河、沙河—潴龙河和白洋淀水面面积增加较多；有 11 条补水河流较 1 月初有水河道长度增加，共增加 421.0km，其中永定河和漳河有水河道长度增加较多。

长江汉川水文站（郑力 摄）

# 第七章 暴雨洪水*

## 一、概述

2021年，全国共发生了42次强降雨过程，28个省（自治区、直辖市）共有571条河流发生超警洪水，其中148条河流超保、43条河流超历史实测记录。长江、黄河、海河、松辽、太湖等流域（片）共发生12次编号洪水，见表7－1。

松花江发生流域性较大洪水，黑龙江上游、海河区卫河上游发生特大洪水，黄河、海河发生1949年以来最严重秋汛洪水。此外，有5个台风（含热带风暴）登陆我国，较常年偏少。本章重点描述黑龙江流域暴雨洪水、"7·20"郑州暴雨洪水、台风"烟花"暴雨洪水、秋汛洪水等2021年重要暴雨洪水事件。

## 二、黑龙江流域暴雨洪水

受大气环流形势异常影响，黑龙江上游2021年5月7日发生春汛、6月初发生夏汛，汛期较常年偏早1个多月。黑龙江流域夏季（6—8月）共出现8次主要降雨过程，降水日数达78d，大范围、高强度持续降雨，导致黑龙江区春汛、夏汛接踵而至。黑龙江上游发生特大洪水，干流连续出现6次超警洪水过程，开库康至三道卡江段超保证水位0.63～2.90m，支流呼玛河和盘古河发生超实测最大记录洪水；嫩江发生3次编号洪水，干流齐齐哈尔以下江段超警戒水位0.56～1.26m，支流多布库尔河、甘河和讷谟尔河发生超历史实测最大记录洪水；松花江发生1次编号洪水，肇源至哈尔滨江段超警戒水位0.10～0.65m，形成流域性较大洪水。黑龙江、嫩江、松花江自

* 本章有关分析主要依据水文部门监测和整编资料，部分采用气象部门观测资料。

表 7-1 2021 年编号洪水统计

| 序号 | 发生日期 | 流域 | 编号名称 | 依据 |
|---|---|---|---|---|
| 1 | 2021-06-21 | 松辽流域 | 嫩江 2021 年第 1 号洪水 | 受降雨影响，嫩江尼尔基水库 6 月 21 日 14 时入库流量为 $4160m^3/s$ |
| 2 | 2021-07-13 | 海河流域 | 滦河 2021 年第 1 号洪水 | 受降雨影响，海河流域滦河潘家口水库 7 月 13 日 14 时入库流量为 $2390m^3/s$ |
| 3 | 2021-07-18 | 松辽流域 | 嫩江 2021 年第 2 号洪水 | 受降雨影响，嫩江尼尔基水库 7 月 18 日 8 时入库流量为 $4110m^3/s$ |
| 4 | 2021-07-22 | 海河流域 | 漳卫河 2021 年第 1 号洪水 | 受强降雨影响，海河流域漳卫河水系漳河岳城水库 7 月 22 日 6 时入库流量为 $2640m^3/s$ |
| 5 | 2021-07-27 | 太湖流域 | 太湖 2021 年第 1 号洪水 | 受“烟花”带来的强降雨影响，太湖平均水位 7 月 27 日 23 时涨至 3.82m，超过警戒水位(3.80m)0.02m |
| 6 | 2021-07-31 | 松辽流域 | 嫩江 2021 年第 3 号洪水 | 受降雨影响，嫩江尼尔基水库 7 月 31 日 14 时入库流量为 $3560m^3/s$ |
| 7 | 2021-08-21 | 松辽流域 | 松花江 2021 年第 1 号洪水 | 受降雨及上游来水影响，松花江上游干流控制站哈尔滨水文站 8 月 21 日 2 时水位涨至 118.30m，与警戒水位持平 |
| 8 | 2021-09-06 | 长江流域 | 长江 2021 年第 1 号洪水 | 受降雨影响，长江三峡水库 9 月 6 日 14 时入库流量涨至 $54000m^3/s$ |
| 9 | 2021-09-27 | 黄河流域 | 黄河 2021 年第 1 号洪水 | 受渭河、黄河北干流来水影响，黄河中游干流潼关水文站 9 月 27 日 15 时 48 分流量涨至 $5020m^3/s$ |
| 10 | 2021-09-27 | 黄河流域 | 黄河 2021 年第 2 号洪水 | 受伊洛河、沁河来水影响，黄河干流代表站花园口水文站 9 月 27 日 21 时流量涨至 $4020m^3/s$ |
| 11 | 2021-10-05 | 黄河流域 | 黄河 2021 年第 3 号洪水 | 受渭河、黄河北干流来水共同影响，黄河中游干流潼关水文站 10 月 5 日 23 时流量涨至 $5090m^3/s$ |
| 12 | 2021-10-07 | 海河流域 | 漳卫河 2021 年第 2 号洪水 | 受强降雨影响，海河流域漳卫河水系漳河岳城水库 10 月 7 日 11 时入库流量涨至 $2010m^3/s$ |

5 月 7 日至 9 月 14 日累计超警戒水位 122d，其中黑龙江干流累计超警戒水位 101d，嫩江干流累计超警戒水位 53d，为历史罕见。

### （一）降水特点

（1）降雨日数多，空间分布呈现“西多东少”。6—8 月，黑龙江流域降雨日数多达 78d，占 6—8 月总日数的 85%。多雨区主要集中在额尔古纳河、黑龙江干流、嫩江等区域，各区域累积降水量较常年同期偏多 2～4 成，见图 7-1；少雨区则集中在第二松花江上游、松花江干流中下游、乌苏里江等，其中乌苏里江降水量较常年同期偏少近 3 成。

（2）累积降水量大，雨区重叠度高。6—8 月，黑龙江流域降水量为 384.6mm，较常年同期 326.3mm 偏多 17.9%，其中暴雨中心位于嫩江中上游，尼尔基水库以上流域降水量为 498.3mm，较常年同期偏多 5 成，列 1961 年有资料以来第 1 位，见图 7-2。流域内 8 次主要降雨过程有 7 次主雨区位于嫩江，导致嫩江发生 3 次编号洪水。

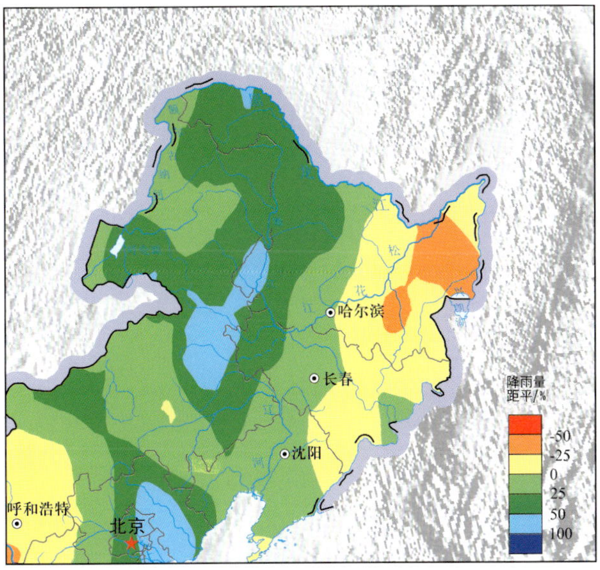


图 7-1　黑龙江流域 2021 年夏季降水距平

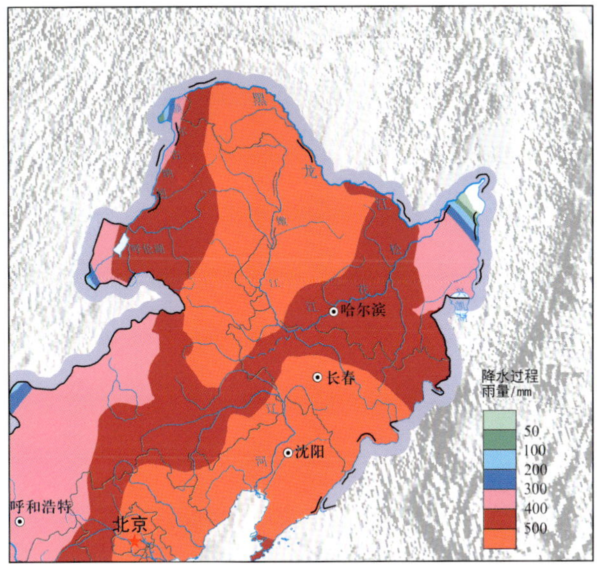


图 7-2　黑龙江流域 2021 年夏季降水分布

### （二）洪水特点

（1）洪水发生时间早、频次多、量级大。据统计，黑龙江上游发生超警洪水多数为7—8 月，2021 年 5 月上游干流部分江段就发生超警洪水，6 月发生超保洪水，均为有实测记录首次。6 月中下旬，嫩江上游干支流发生大洪水，比正常年份提前 1 个月左右。黑龙江干流共发生 6 次超警洪水过程，其中上游发生 50 年一遇特大洪水，中游发生 35 年一遇大洪水；嫩江先后发生 3 次明显洪水过程。

（2）洪水持续时间长、超警日数多。2021 年凌汛、春汛、夏汛接连而至，特别是 6 月 1 日至 9 月 13 日 105d 内，除 6 月 14 日外，其余 104d 均超警戒水位，历史罕见。嫩江江桥段水位累计超警戒水位 42d，齐齐哈尔段超警戒水位 31d；松花江肇源段水位累计超警戒水位 37d，同江（松花江段）超警戒水位 34d；黑龙江乌云以下江段累计超警戒水位均超过 1 个月，其中同江（黑龙江段）更是达到 56d。

（3）洪水范围广。黑龙江干流洛古河至抚远江段、嫩江干流尼尔基以下、松花江干流哈尔滨以上全线超警，松花江、嫩江、雅鲁河、讷谟尔河、甘河、多布库尔河、呼玛河、盘古河以及俄方一侧结雅河、布列亚河、石勒喀河，中俄界河额尔古纳河等均发生较大洪水过程。

黑龙江流域暴雨洪水主要河流洪水特征见图 7-3。

## 三、“7·20”郑州暴雨洪水

2021 年 7 月 17—22 日，受西太平洋副热带高压、台风“烟花”与“查帕卡”和冷涡等天气系统以及太行山、伏牛山辐合抬升作用共同影响，冷暖空气长时间在河南省西部、西北部沿山地区一带对峙，河南省遭遇了历史罕见特大暴雨，导致严重城市内涝、河流洪水和山体滑坡，灾害造成河南省共 150 个县（市、区）1478.6 万人受灾，直接经济损

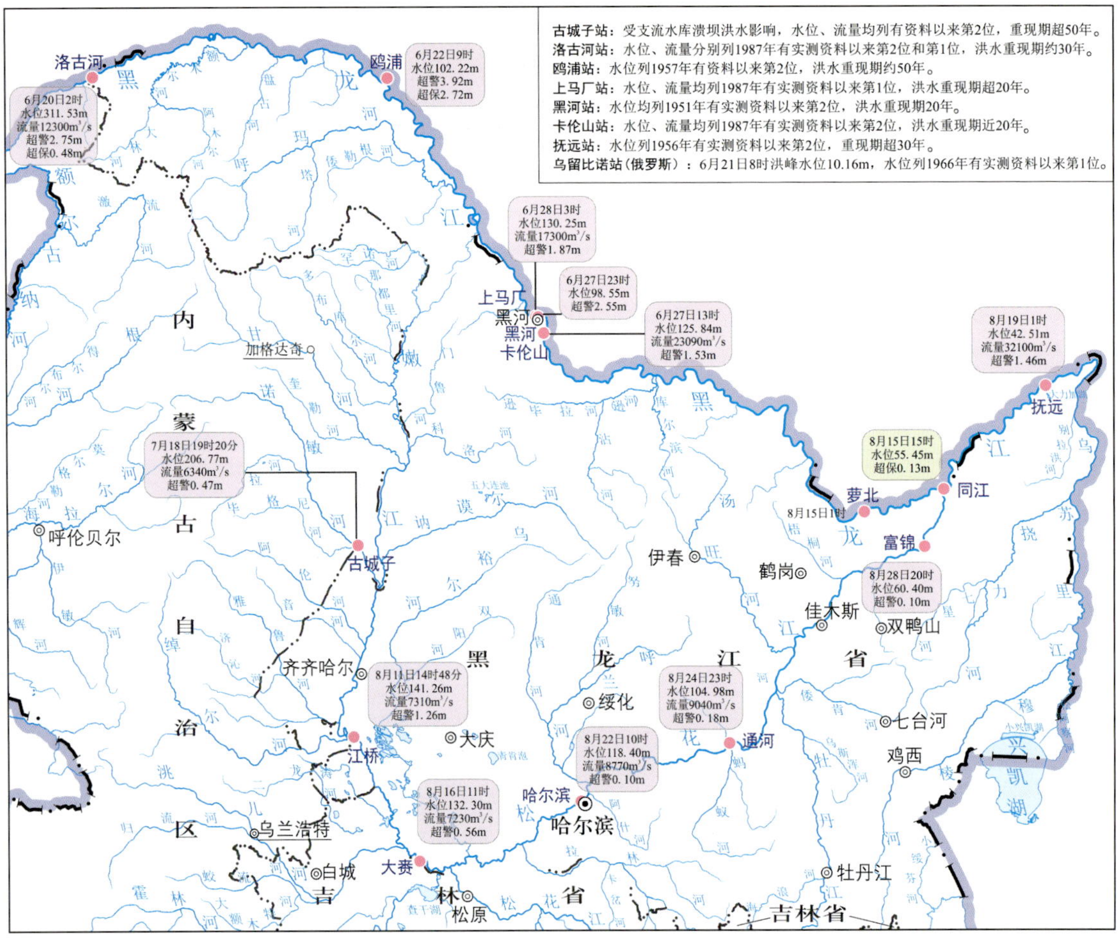


图 7-3　黑龙江流域暴雨洪水主要河流洪水特征

失为 1200.6 亿元，特别是郑州市遭受重大人员伤亡和财产损失，经济损失达 409 亿元。暴雨引发河南省中北部地区严重汛情，12 条主要河流发生超警洪水，漳卫河发生 2021 年第 1 号洪水，卫河上游发生特大洪水，卫河水系启用 8 处蓄滞洪区，共产主义渠和卫河新乡、鹤壁段多处发生决口，新乡卫辉市城区受淹长达 7d。

### （一）降水特点

（1）降雨持续时间长、强度大。7 月 17—22 日河南省持续降暴雨到大暴雨，全省累积面降水量为 171mm，其中鹤壁市和郑州市累积面降水量分别高达 537mm 和 478mm；部分地市累积面平均降水量和过程最大点雨量见表 7-2 和图 7-4。本次暴雨可分为前期 7 月 18—20 日和后期 7 月 21—22 日，前期郑州、新乡为主要降水地区且有两个暴雨中心，南部中心在淮河区郑州市尖岗水库站，最大 5d 降水量达 956mm，北部中心在海河区新乡市龙水梯站，最大 5d 降水量达 1159mm。后期暴雨中心在鹤壁市石老公站，最大 5d 降水量达 894mm。

（2）强降水时段集中、短历时降雨极强。各站点强降水过程高度集中于 7 月 20—21 日，短历时雨强甚至突破历史实测记录极值。20 日 8 时至 21 日 8 时，郑州全市面降水量达 241.6mm（约占 6 日累积降水量的 50%），部分监测站逐日降水量、最大降雨历时关

表 7-2　　7 月 17—22 日河南省各地市累积降水量统计

| 省　份 | 累积面降水量/mm | 地市降水量 | | 过程最大点降水量 | | 最大日雨量 | | |
|---|---|---|---|---|---|---|---|---|
| | | 地　市 | 降水量/mm | 站　名 | 降水量/mm | 站　名 | 降水量/mm | 日　期 |
| 河南 | 171 | 平顶山 | 268 | 合庄 | 639 | 南沟 | 380 | 7 月 19 日 |
| | | 许昌 | 256 | 饮虎泉 | 639 | 饮虎泉 | 297 | 7 月 19 日 |
| | | 新乡 | 411 | 龙水梯 | 1159 | 小马营 | 305 | 7 月 19 日 |
| | | 郑州 | 478 | 尖岗 | 956 | 尖岗 | 719.3 | 7 月 20 日 |
| | | 焦作 | 425 | 东岭后 | 928 | 大车集 | 305 | 7 月 20 日 |
| | | 鹤壁 | 537 | 石老公 | 894 | 新村 | 615 | 7 月 21 日 |
| | | 安阳 | 312 | 马投涧 | 756 | 马投涧 | 615 | 7 月 21 日 |

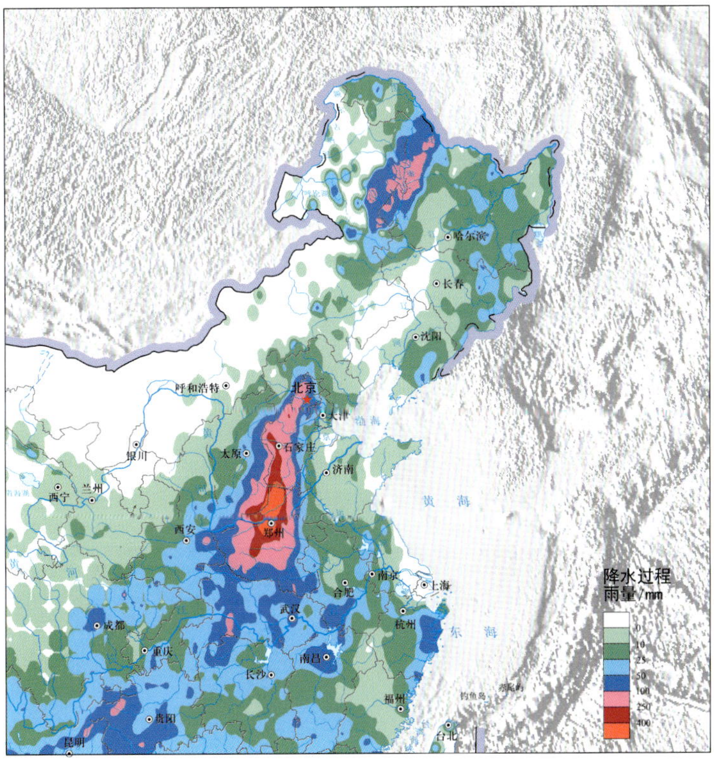


图 7-4　“7·20”郑州暴雨洪水降水量分布（2021 年 7 月 17—22 日）

系分别见表 7-3 和表 7-4；河南省共有 21 个站日降水量突破有记录以来历史最大值，郑州站（气象部门）20 日 16—17 时降水量达 201.9mm，常庄 20 日 15—16 时降水量达 192.1mm。21 日 8 时至 22 日 8 时，卫河淇门水文站以上流域面降水量达 376.6mm（约占 6 日累积降水量的 50%）。海河流域鹤壁新村水文站最大 6h 降水量达 341.5mm，24h 降水量达 614.5mm。

（3）暴雨覆盖范围广。雨区覆盖郑州市全境和河南省新乡、鹤壁、焦作和安阳等多座城市，“7·20”特大暴雨累积降水量（7 月 17 日 8 时至 23 日 8 时）分布见图 7-4。河南全省 7 月 17 日 8 时至 23 日 8 时超 500mm 暴雨笼罩面积约 1.15 万 $km^2$，见表 7-5。

表 7-3　“7·20”郑州暴雨洪水代表站逐日降水量　单位：mm

| 日期 | 郑州 | 尖岗 | 常庄 | 王宗店 | 中清流 | 双合山 | 官山 | 新村 |
|---|---|---|---|---|---|---|---|---|
| 7月19日 | 108 | 168.8 | 138.3 | 302.6 | | | | |
| 7月20日 | 624 | 719.3 | 672.9 | 473.8 | 54 | 47.5 | 162.4 | 102.2 |
| 7月21日 | 45 | 60.3 | 58 | 78 | 489.5 | 317.5 | 434.6 | 461.9 |
| 7月22日 | | | | | 84 | 35.5 | 166.2 | 180.8 |

表 7-4　“7·20”郑州暴雨洪水代表站最大降水量历时关系　单位：mm

| 历时 | 郑州 | 常庄 | 尖岗 | 王宗店 | 中清流 | 双合山 | 官山 | 新村 |
|---|---|---|---|---|---|---|---|---|
| 1h | 201.9 | 192.1 | 156.7 | 107.2 | 63.5 | 42 | 51.6 | 93.8 |
| 3h | 311 | 364.6 | 343.4 | 217 | 147.5 | 80 | 129.4 | 223.7 |
| 6h | 391 | 470.3 | 485.3 | 301.6 | 283.5 | 129.5 | 215.2 | 341.5 |
| 12h | 506 | 574 | 618.1 | 455.6 | 369 | 183.5 | 315.8 | 400.3 |

表 7-5　“7·20”特大暴雨降水笼罩面积信息

| 暴雨中心地点 | 地市 | 时段 | 中心降水量/mm | A400/万 $km^2$ | A500/万 $km^2$ | A600/万 $km^2$ | A800/万 $km^2$ |
|---|---|---|---|---|---|---|---|
| 尖岗、龙水梯 | 郑州、新乡 | 7月17—22日 | 946.0、1073.5 | 2.22 | 1.15 | 0.74 | 0.031 |
| 尖岗 | 郑州 | 7月17—22日 | 946.0 | | 0.32 | 0.16 | 0.005 |

注　A400、A500、A600、A800分别为400mm、500mm、600mm、800mm雨量等值线包围的面积。

### （二）洪水特点

（1）洪水时空集中、来势猛。受极端强降水影响，7月20—23日漳卫河发生2021年第1号洪水，卫河上游发生特大洪水。卫河、共产主义渠、安阳河、大沙河，子牙河支流留垒河，黄河洛河及支流石川河，淮河沙颍河支流贾鲁河等8条河流发生超历史实测记录洪水，卫河淇门河段最高水位超警戒水位3.93m。卫河水系共启用良相坡、共渠西、长虹渠、柳围坡、白寺坡、小滩坡、广润坡和崔家桥等8个蓄滞洪区，最大蓄滞洪量为10.68亿$m^3$，超过设计滞洪量（9.12亿$m^3$）1.56亿$m^3$；子牙河水系共启用永年洼、大陆泽和宁晋泊等3个蓄滞洪区，最大蓄滞洪量为3.25亿$m^3$。

（2）水利工程拦洪削峰滞洪作用突出。本次暴雨洪水过程，河南省内有111座大中型水库累计最大拦蓄洪量约为17亿$m^3$，其中12座大中型水库最大削峰率超过80%，8座超过90%。卫河支流淇河盘石头水库最大入库流量为2710$m^3/s$，相应出库流量为7.20$m^3/s$，最大削峰率达99.7%，拦蓄洪量为2.56亿$m^3$。漳河上游干流岳城水库累计拦蓄洪水3.0亿$m^3$，7月22日15时至23日16时，水库闭闸错峰，有效减轻了中下游防洪压力。

“7·20”郑州暴雨洪水主要河流洪水特征详见图7-5。

## 四、台风“烟花”暴雨洪水

7月下旬，受台风“烟花”影响，太湖、长江、淮河、黄河、海河和松辽等六大流域

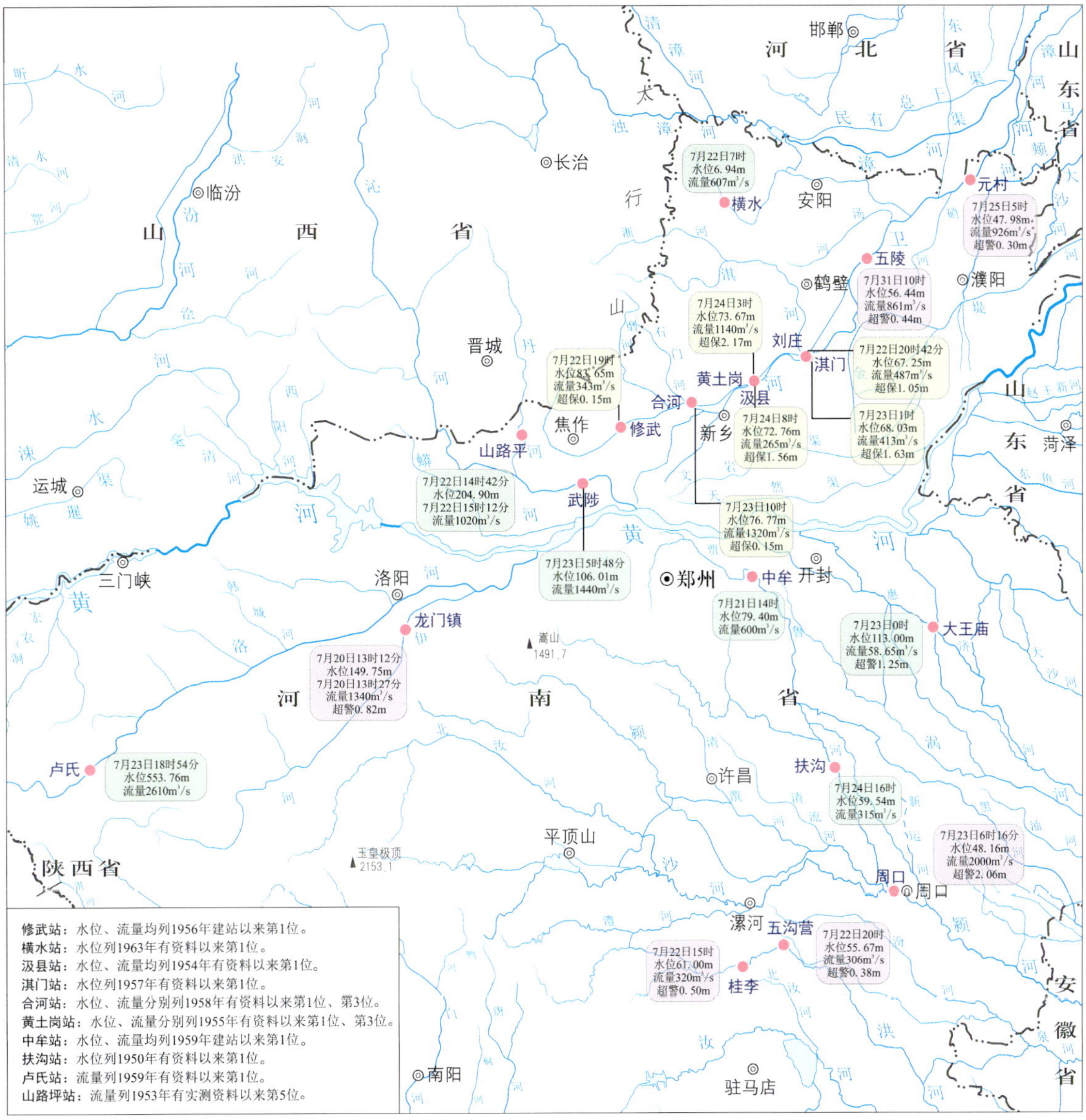


图 7-5　2021 年“7·20”郑州暴雨洪水主要河流洪水特征

出现范围广、累积雨量大的暴雨。台风“烟花”为 1949 年以来首个两次登陆浙江的台风，降雨影响时长为台风平均影响时长的 3 倍，降水总量约为 1274 亿 $m^3$。台风“烟花”造成太湖发生 2021 年第 1 号编号洪水，嫩江发生 2021 年第 3 号编号洪水。

### （一）台风过程概述

7 月下旬，西北太平洋和我国南海先后生成 3 个台风，其中“烟花”和“查帕卡”共存近 6d、“烟花”和“尼伯特”共存近 2d，3 个台风共存约 18h，三者相互影响；副热带高压明显偏北，引导气流偏弱。以及台风周边高空冷涡影响等，导致台风“烟花”路径复杂多变。

第 6 号台风“烟花”于 7 月 18 日 2 时在西北太平洋洋面生成，生成后向偏西方向移动，20 日加强为台风级、21 日加强为强台风级；23 日在台湾岛以东洋面减弱为台风，并转向北偏西方向逐渐靠近浙江北部沿海。25日12时30分前后在浙江舟山普陀区登陆，登陆时风力为13级（38m/s）、气压为965hPa，25日傍晚移入杭州湾；26日9时50分前后在浙江嘉兴平湖市二次登陆，登陆时风力为10级（28m/s）、气压为978hPa，登陆后以10km/h左右的速度向西北方向移动，26日17时前后移入江苏并减弱为热带风暴，28日凌晨移入安徽并减弱为热带低压，29日上午移入山东境内，夜间移入河北境内，30日凌晨移入渤海湾，转向东北方向移动，傍晚在渤海湾变性为温带气旋，20时停止编号。

### （二）台风及降水特点

（1）台风移动速度慢、影响时间长。台风“烟花”移动速度约为5～10km/h，远小于西北太平洋台风平均移动速度（约20km/h）；8级以上生命期达10d，超过1949年有完整记录以来92%的台风；陆上维持约95h，为登陆台风陆上平均维持时间36h的2.5倍；降雨影响时间长达9d（7月23—31日），为台风一般影响时长（3d）的3倍。

（2）降雨范围广、累积雨量大。第6号台风“烟花”先后影响太湖、长江、淮河、黄河、海河、松辽等6个流域，浙江、上海、江苏、安徽、山东等14个省（直辖市），其中24个地市累积面降水量超过150mm，15个地市累积面降水量超过200mm。降水总量约为1274亿$m^3$，列1949年以来登陆大陆台风降水总量的第5位。累积降水量大于400mm、250mm、100mm、50mm的大暴雨笼罩面积分别为0.4万$km^2$、5.8万$km^2$、49.9万$km^2$和132.3万$km^2$。累积点降水量位列前四位的分别为：浙江湖州董岭（1010mm）、安徽宣城汀溪（505mm）、上海闵行区杜行（475mm）、江苏扬州江都气象站（467mm）。台风“烟花”影响各省份累积降水量统计见图7-6和表7-6。

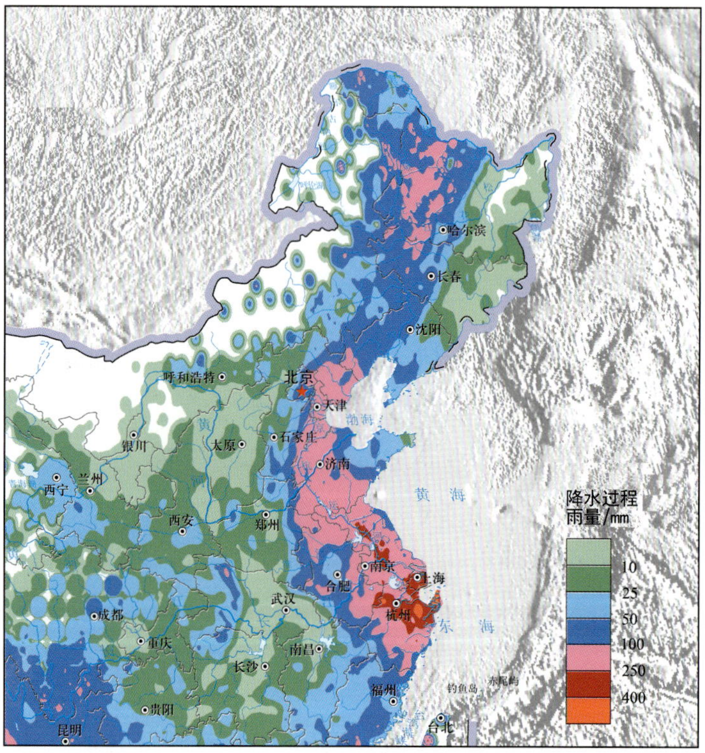


图7-6 台风“烟花”暴雨洪水降水量分布

表 7－6　台风“烟花”影响省份累积降水量统计

| 省（自治区、直辖市） | 累积面降水量/mm | 地市累计面降水量/mm | 过程最大点降水量/mm | 最大日降水量/mm |
|---|---|---|---|---|
| 上海 | 266 | | 闵行区杜行 475 | 浦东新区滴水湖闸 199（7 月 25 日） |
| 浙江 | 201 | 舟山市 398、宁波市 369、绍兴市 328、湖州市 272、嘉兴市 254、杭州市 211、台州市 207、金华市 190、温州市 122、丽水市 106 | 湖州董岭 1010 | 湖州董岭 482.5（7 月 25 日） |
| 江苏 | 190 | 扬州市 270、镇江市 245、泰州市 220、常州市 213、无锡市 209、淮安市 219、苏州市 200、南京市 181、南通市 170、宿迁市 207、徐州市 184、连云港市 143、盐城市 138 | 扬州江都 467 | 扬州江都 292（7 月 27 日） |
| 天津 | 151 | | 宝坻区黄白桥上 229 | 北郊区 143（7 月 29 日） |
| 安徽 | 110 | 宣城市 226、宿州市 141、亳州市 133、滁州市 132、淮北市 131、马鞍山市 119、黄山市 112、池州市 110、芜湖市 110 | 宣城汀溪 505 | 池州映月潭 220（7 月 26 日） |
| 山东 | 103 | 枣庄市 201、临沂市 175、济宁市 151、德州市 143、济南市 128、菏泽市 125、日照市 107、聊城市 106、泰安市 105、滨州市 100 | 日照李家官庄 297 | 枣庄泥沟 235（7 月 28 日） |
| 北京 | 74 | | 密云潮河坝上 248 | 顺义 222（7 月 26 日） |
| 河北 | 64 | 唐山市 136、沧州市 126、衡水市 120、秦皇岛市 109 | 唐山汤家河 298 | 承德兴隆 179（7 月 26 日） |
| 辽宁 | 55 | 葫芦岛市 88、朝阳市 77、锦州市 67、阜新市 63、沈阳市 63 | 葫芦岛养马甸子 161 | 葫芦岛牛角沟 110（7 月 29 日） |
| 黑龙江 | 48 | 大庆市 113、齐齐哈尔市 95、绥化市 95、黑河市 83 | 绥化市太阳宫庙屯 232 | 黑河五三村 118（7 月 31 日） |
| 吉林 | 34 | 松原市 79、白城市 75、四平市 56 | 白城大岗 183 | 长春开运街 96（7 月 30 日） |
| 河南 | 32 | 商丘市 103、濮阳市 83 | 信阳黄柏山 191 | 商丘夏邑 161（7 月 28 日） |
| 内蒙古 | 26 | 通辽市 57、兴安盟 56、赤峰市 50 | 呼伦贝尔霍日里河 166 | 呼伦贝尔霍日里河 98（7 月 30 日） |

## （三）洪水特点

（1）超警河流多、河网水位高。浙江、上海、江苏、安徽、山东、内蒙古、黑龙江等 7 省（自治区、直辖市）共 48 条河流发生超警洪水，太湖发生 2021 年第 1 号编号洪水，嫩江发生 2021 年第 3 号编号洪水。其中，太湖最高水位为 4.21m，超警戒水位 0.41m，周边河网全面超警、大面积超保，浙江苕溪、杭嘉湖及上海黄浦江水系有 10 个站水位超历史实测记录；淮河流域洪泽湖、骆马湖、南四湖等超过汛限水位 0.20～0.51m，江苏里下河地区有 24 个站水位超警。

（2）风雨潮洪碰头、多站超历史实测最高水位。台风“烟花”影响期间，恰逢天文大潮，钱塘江下游支流浦阳江、曹娥江，甬江支流姚江、古林河以及浙江东北沿海白泉主河等15条中小河流发生超保洪水，姚江、浦阳江发生超历史实测最大记录洪水；福建、浙江、上海、江苏等地沿海、沿江有42个潮位站超警戒水位0.02～1.24m，5站超保证水位0.18～0.67m，浙江宁波、镇海，上海朱泾、泖港、米市渡、沙港、松浦大桥等11站超过历史实测最高潮位。

台风“烟花”暴雨洪水主要河流洪水特征详见图7－7。

图7－7　台风“烟花”暴雨洪水主要河流洪水特征

## 五、秋汛洪水

8 月下旬至 10 月下旬，西北太平洋副热带高压较常年偏强、偏西，其西北侧暖湿气流与冷空气持续交汇，我国西南东北部至华北南部出现长时间、大范围的秋雨。长江上游嘉陵江、汉江上游、黄河中下游、海河南系漳卫河、淮河沙颍河上游等区域累积降水量较常年同期偏多 1.5～3 倍，均列 1961 年以来同期降水量的第 1 位。长江、黄河、海河、淮河四大流域共有 169 条河流发生超警洪水，长江、黄河、海河累计发生 5 次编号洪水；黄河中下游、海河南系漳卫河发生 1949 年以来最大秋季洪水，汉江丹江口水库出现 1973 年建库以来秋季最大入库洪量洪水。

### （一）降水特点

（1）雨带明显偏北。入秋以后，西太平洋副热带高压持续偏强、偏西，我国主雨带除了分布在传统华西秋雨区（长江上游嘉陵江、汉江上游、黄河支流渭河及淮河上游）的范围外，明显向北扩大至黄河支流汾河、伊洛河、沁河、大汶河以及海河南系漳卫河等非传统华西秋雨区，为历史罕见。

（2）累积降水量大、雨区重叠度高。秋季阴雨天气自 8 月 21 日开始，较常年明显偏早，累计持续 47d，连续发生 8 次强降水过程，主要降雨区域在西南区域东北部、西北区域东部至华北黄淮一带高度重叠（见图 7－8～图 7－10）。长江上游嘉陵江、汉江上游、黄河中下游、海河南系漳卫河、淮河沙颍河上游等累积降水量较常年同期偏多 1.5～3 倍，均列 1961 年有资料记录以来同期首位。

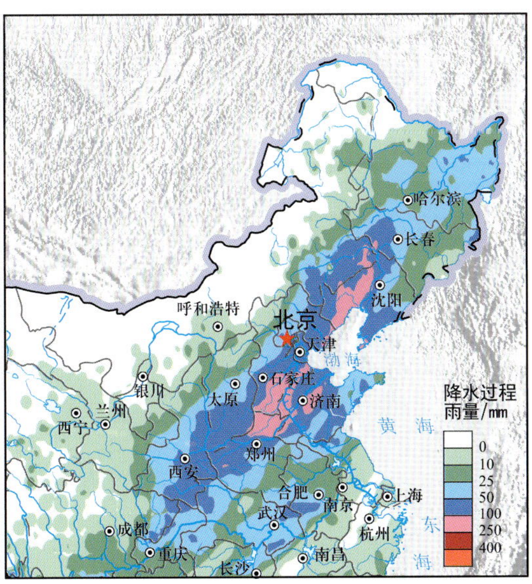


图 7－8　2021 年 9 月 18—21 日降水量分布

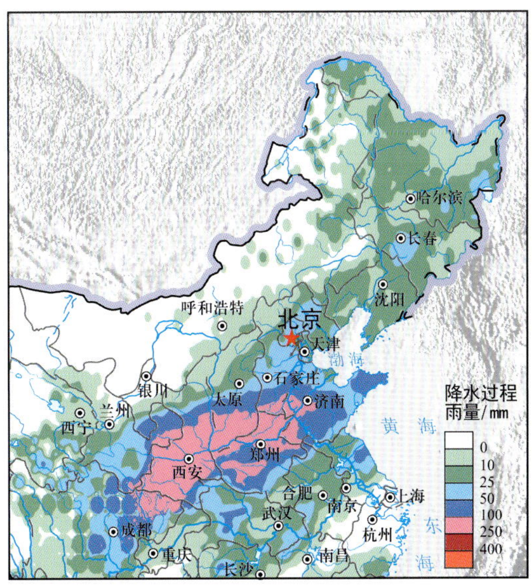


图 7－9　2021 年 9 月 22—28 日降水量分布

（3）暴雨强度异常。9 月以来，多地出现秋季罕见的局地短时强降雨。其中，河南省南阳市方城县母猪窝站 9 月 24 日 1h 雨量达 123mm（23—24 时），相当于“75·8”暴雨期间本站最大 2h 降水量（124mm）；陕西汉中勉县站 8 月 21 日 1h 雨量 72.5mm（23—24 时），突破该站历史实测记录；四川省绵阳市三台县 9 月 15 日 3h 雨量达 172mm（15 日

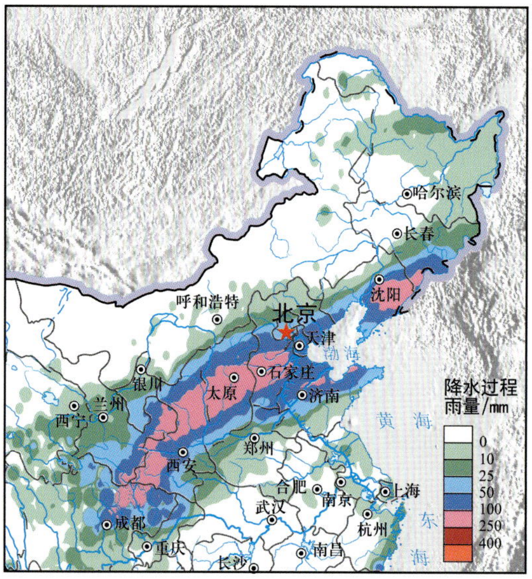


图 7-10　2021 年 10 月 3—6 日降水量分布

22 时至 16 日 1 时），突破该站历史实测记录。

## （二）洪水特点

（1）洪水多发并发，历史罕见。8 月 21 日以来，长江、黄河、海河、淮河四大流域，四川、陕西、湖北、山西、河南、河北、山东等 11 省（直辖市）共有 169 条河流发生超警洪水，49 条河流发生超保洪水，其中长江上游、黄河中下游、海河南系漳卫河分别发生 1 次、3 次、1 次编号洪水。汉江丹江口水库连续发生 5 次超过 10000$m^3$/s 的入库洪水，出现 1973 年建库以来秋季最大入库洪量，其中 9 月 29 日入库洪峰流量为 24900$m^3$/s，为丹江口水库 2011 年以来最大入库洪峰，支流白河发生 1960 年有实测资料以来最大洪水。长江、黄河、海河、淮河四大流域首次秋季同期发生洪水，海河南系漳河 45 年来、卫河 20 年来首次发生秋季洪水，黄河北干流及支流渭河、汾河、北洛河、伊洛河、沁河、大汶河秋季均发生洪水为历史罕见。

（2）秋季洪水量级大。黄河干流花园口站还原洪峰流量为 12500$m^3$/s（9 月 29 日 20：00），列 1949 年以来秋季洪水第 1 位，支流渭河咸阳水文站、伊洛河黑石关水文站、沁河武陟水文站出现 9 月份同期最大洪水，汾河河津水文站、北洛河洑头水文站出现 10 月份同期最大洪水。长江三峡水库发生 2003 年建库以来秋季第二大入库洪水；汉江丹江口水库最大 30d 入库洪量列 1973 年建库以来第 1 位，中游支流白河发生 1960 年有实测资料以来最大洪水；海河南系漳卫河发生 1949 年有实测资料以来秋季最大洪水。

（3）径流显著偏多。8 月下旬至 10 月上旬，汉江丹江口水库累计径流量为 345 亿 $m^3$，较常年同期偏多近 4 倍，列建库以来同期第 1 位；黄河中游支流渭河、北洛河、伊洛河、沁河累计径流量分别为 62.4 亿 $m^3$、6.5 亿 $m^3$、30.9 亿 $m^3$、15.1 亿 $m^3$，较常年同期分别偏多 2.1 倍、2.9 倍、4.1 倍、5.4 倍，均列有实测资料以来同期第 1 位。

秋汛洪水主要河流洪水特征见图 7－11。

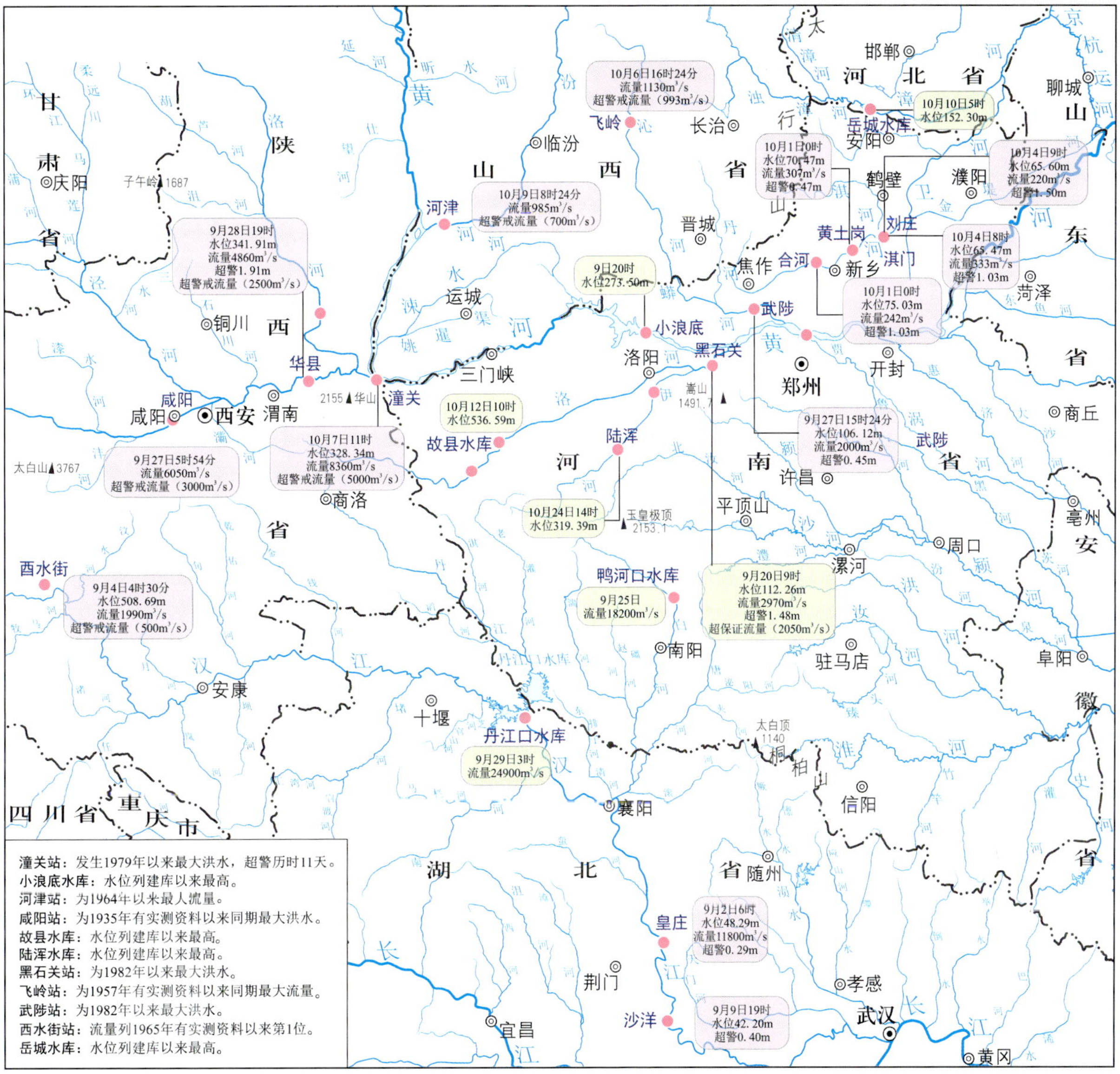


图 7－11　秋汛洪水主要河流洪水特征

黄河源（龙虎　摄）

# 第八章 干旱

## 一、概述

2021年，全国干旱以阶段性为主，先后经历了南方地区冬春连旱、北方地区和西南局部夏伏旱、华南地区秋冬连旱三个阶段。其中，华南部分地区长时间持续干旱，局地旱情较为严重，广东东部东江和韩江流域遭遇60年来最严重的旱情。

## 二、南方地区冬春连旱

2020年12月至2021年5月南方地区出现“冬春连旱”，珠江区累积面平均降水量为429.4mm，较常年同期偏少约2成；其中西江流域偏少约1成，北江流域偏少近2成，东江流域偏少约4成，珠江三角洲偏少近6成，韩江流域偏少近5成。珠江区2020年12月至2021年5月累积降水量和径流量与常年同期比值见图8-1和图8-2。

受降雨偏少影响，珠江区主要江河控制站点径流量持续偏枯，西江梧州站平均天然流量为3090$m^3/s$，较常年同期偏少11%；北江石角站平均实测流量为573$m^3/s$，较常年同期偏少53%，为1963年以来同期最枯；东江博罗站平均天然流量为139$m^3/s$，较常年同期偏少77%，为1963年以来同期最枯；韩江潮安站平均天然流量为171$m^3/s$，较常年同期偏少75%，为1956年以来同期第二枯。受旱情影响，流域骨干水库蓄水持续减少。4月底，韩江棉花滩水库有效蓄水量仅为0.03亿$m^3$，较2020年12月初减少2.00亿$m^3$；5月底，西江天生桥一级、光照、龙滩、百色4座骨干水库和东江枫树坝、新丰江、白盆珠3座骨干水库蓄水量较2020年12月1日分别减少157.68亿$m^3$和29.84亿$m^3$。

2020年12月至2021年1月，珠江区降雨较常年同期持续偏少6成以上，其中东江流域、韩江流域2021年1月累积降水量分别仅为1.2mm和

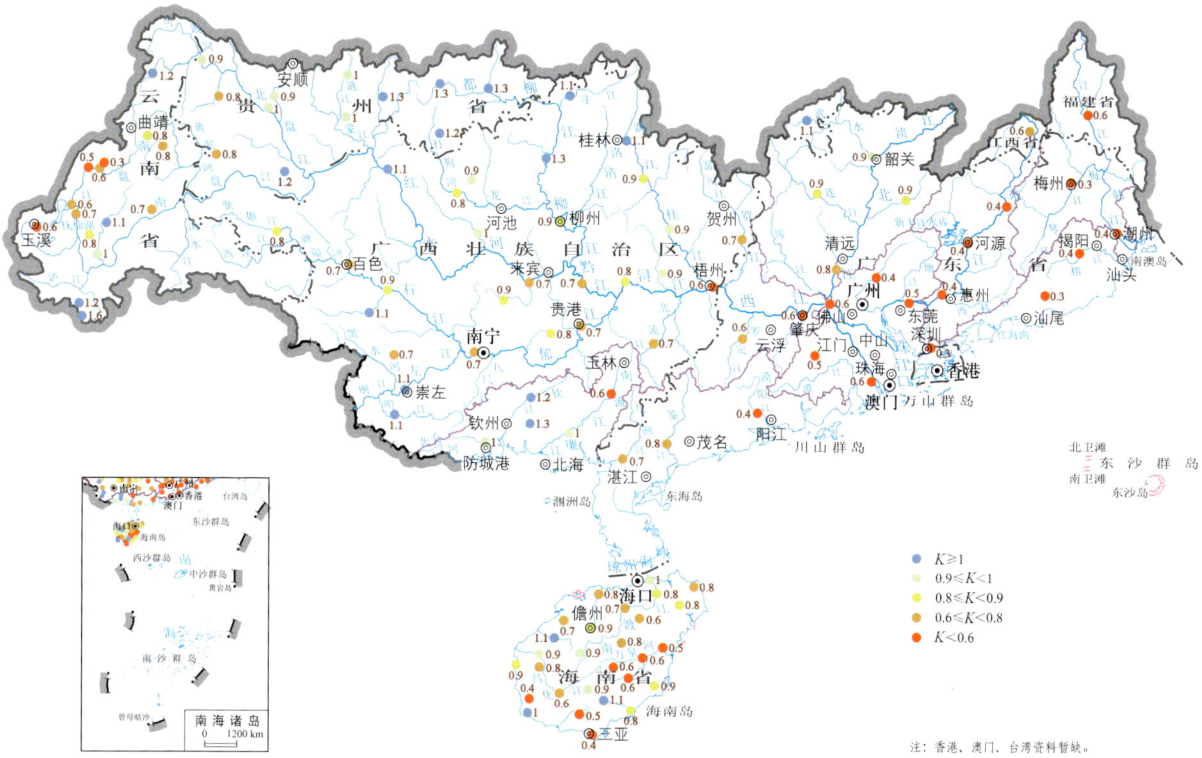


图 8－1　2020 年 12 月至 2021 年 5 月累积降水量与常年同期比值

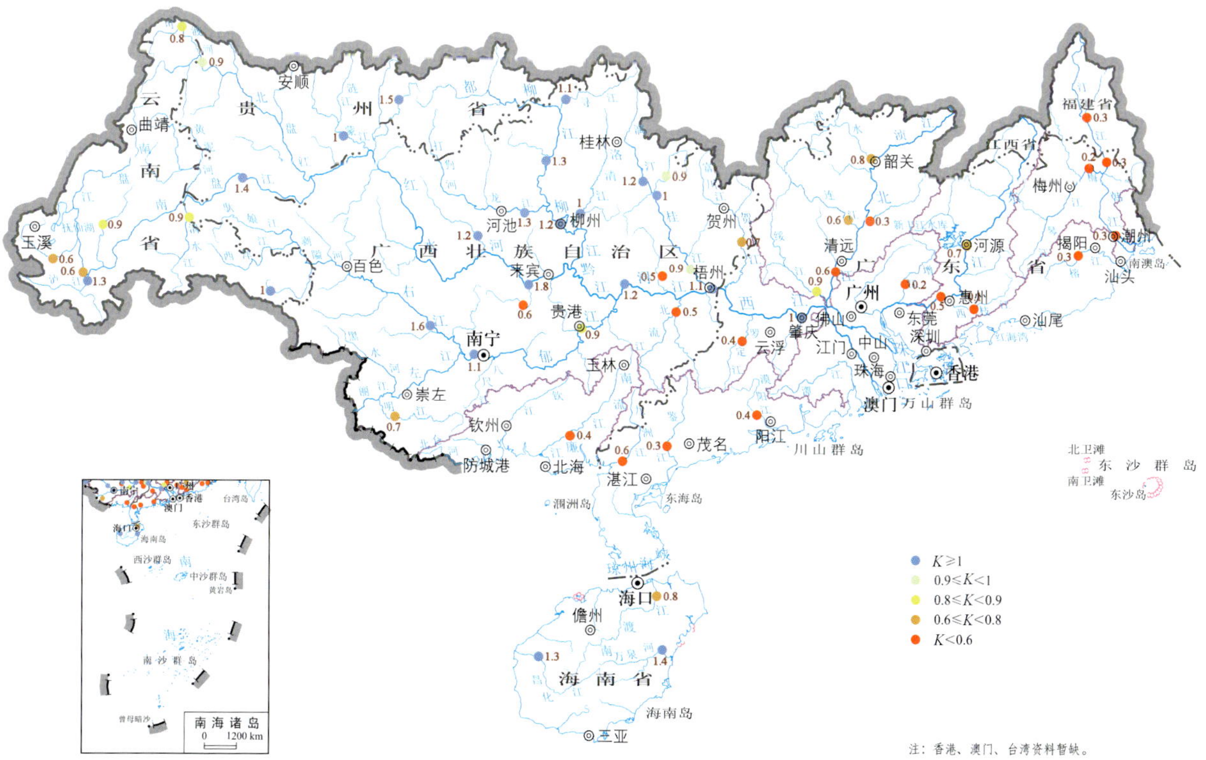


图 8－2　2020 年 12 月至 2021 年 5 月径流量与常年同期比值

0.6mm，均为1961年以来同期最少。干旱逐渐发展，2020年12月东江博罗站和韩江潮安站天然流量较常年同期分别偏少65%和51%，均为1956年以来同期第二枯；2021年1月，西江梧州站天然流量较常年同期偏少45%，为1946年以来同期第二枯；东江博罗站和韩江潮安站天然流量较常年同期分别偏少73%和57%，均为1956年以来同期最枯。2021年2月上旬，西江中下游、北江、粤西桂南沿海等地出现一次较强降水过程，西江流域降水较常年同期偏多近3成，但北江流域、东江流域、珠江三角洲、韩江流域降水仍偏少1～4成。强降水对干旱缓解作用有限，珠江区主要江河控制站2月径流量仍较常年同期偏少33%～69%。2021年春季（2021年3—5月），珠江区降水量仍较常年同期持续偏少1～5成，其中2021年3—4月东江流域、珠江三角洲、韩江流域降水量偏少6～7成，直至5月才有所增加。

## 三、华南地区秋冬连旱

2021年汛期，珠江区“当汛不汛”。主汛期6—7月珠江区累积面降水量较常年同期偏少近3成，其中7月西江流域和韩江流域均偏少近4成，北江流域、东江流域和珠江三角洲更是偏少5～6成。2021—2022年枯季降雨时空分布极不均匀，导致华南部分地区出现“秋冬连旱”。2021年9月，珠江区降水量较常年同期偏少约3成。其中，西江流域偏少近2成，北江流域偏少约3成，东江流域偏少近6成，珠江三角洲偏少近6成，韩江流域偏少约6成。2021年11月，东江流域和珠江三角洲降水量均偏少约6成。2021年12月，西江流域和北江流域降水量偏少2～3成。2022年1月，北江流域、东江流域和珠江三角洲降水量偏少1～4成。

受降水偏少及前期底水偏低影响，2021年9月至2022年1月珠江区主要江河控制站点径流量均偏枯。西江梧州站平均天然流量为3030$m^3/s$，较常年同期偏少22%；北江石角站平均实测流量为350$m^3/s$，较常年同期偏少44%；东江博罗站平均天然流量为120$m^3/s$，较常年同期偏少74%，为1956年以来同期最枯；韩江潮安站平均天然流量为150$m^3/s$，较常年同期偏少71%，为1956年以来同期最枯。东江、韩江天然流量连续5个月出现偏少60%以上的情况，其中博罗站2021年11月和2022年1月天然流量以及潮安站2021年9月、2021年10月、2021年12月和2022年1月天然流量，均为1956年以来同期最枯。

受江河径流量偏枯影响，2021年汛末流域骨干水库蓄水不足。2021年9月初，东江枫树坝、新丰江、白盆珠3座骨干水库有效蓄水率仅15%，有效蓄水量较近十年同期偏少近8成。韩江棉花滩水库有效蓄水率31%，有效蓄水量较近十年同期偏少约5成。2022年1月下旬至2月中旬，东江流域最大的新丰江水库连续25 d在死水位以下运行。

## 四、北方地区夏伏旱

2021年6—8月，受持续高温天气和降雨偏少影响，宁夏中南部及内蒙古中西部地区出现了比较严重的旱情。

宁夏全区6—8月平均气温为21.9℃，平均降水量为71mm，降雨量较常年同期偏少56.3%。受高温少雨天气影响，2021年汛期宁夏全区主要河道径流量与常年同期相比偏少23.7%～82.1%。6月以来，全区气温快速升高，平均气温为23.3℃，较常年同期偏高2℃，创1961年以来新高；中北部地区超过35℃的高温日数平均达到8.6d，为1961年以来同期最多。全区平均降水量为38.2mm，较常年同期偏少61%，为1961年以来同期第二少年份，其中中部干旱带为1961年以来同期最少。至8月8日，中北部局地最长达69d未产生有效降水。受此影响，宁夏中部干旱带同心县、红寺堡区、盐池县全境，沙坡头区南山台子扬水灌区永康、宣和等乡镇，中宁喊叫水、红梧山，海原县高崖、李旺等中部地区，南部山区西北部和东部普遍出现持续较重旱情。

2021年6—8月，内蒙古锡林郭勒盟西部以西大部分地区降水偏少。鄂尔多斯市西部、巴彦淖尔市北部和西部、阿拉善盟降水量不足50mm，鄂尔多斯市西部、巴彦淖尔市西部和北部降水较常年同期偏少25%～50%，阿拉善盟中西部降水量较历年同期偏少80%以上。气温偏高1.0～3.0℃，超过35℃高温日数为1～27d。部分代表站年降水量与上年相比偏少1～5成，其中龙头拐站降雨较上年偏少50.8%。与多年均值相比，除白城子、正蓝旗降雨量偏多3成左右，其余代表站偏少1～4成。受降水偏少影响，内蒙古中西部地区多条河流径流量较常年同期偏少3～8成，存在汛期河道干涸、多座水库干涸或在死水位以下运行的现象。

磴口黄河大桥（杨桂珍 提供）

# 第九章 冰凌

## 一、概述

2021—2022年度，黄河、松花江、辽河整个凌汛期凌情形势平稳，未形成明显冰塞、冰坝和融冰洪水。2021年11—12月，黄河宁蒙河段以及嫩江、松花江等干流河段相继封冻，首封日期较常年大部分偏晚，凌情总体平稳。2022年1—4月，黄河宁蒙河段及嫩江、松花江干流等封冻河流陆续开河（江），开河（江）日期较常年偏早。

2021—2022年度，黄河冰情采用定点与巡测结合的监测方式，松花江、辽河冰情采用站点监测方式。黄河宁蒙河段采用石嘴山、巴彦高勒、三湖河口、包头和头道拐等5个水文站进行冰情分析，松花江采用江桥、松花江和哈尔滨3个水文站进行冰情分析，辽河采用福德店水文站进行冰情分析。分析内容包括年度封河日期、开河日期、最大冰厚、冰期水位等。

## 二、黄河

2021—2022年度，黄河整个凌汛期凌情形势平稳，未出现明显凌汛险情。黄河宁蒙河段于2021年11月22日开始流凌，12月16日开始封河，2022年1月24日达到最大封河长度，主要集中在内蒙古河段。随着气温升高逐步解冻开河，至3月18日全线平稳开河。本年度黄河凌情主要呈现出首凌及首封日期晚、封河长度短、封河流量大、槽蓄水增量小、开河时间早等特点。

2021—2022年度，黄河干流累计最大封冻长度为714km，其中宁蒙河段为633km，中游龙口水库库区为20km、天桥水库库区为33km、壶口河段为28km。黄河下游河段由于凌汛期气温偏高、流量较大，自有观测资料以来首次未出现流凌过程。

### （一）封开河情况

2021—2022年度，黄河宁蒙河段于2021年11月22日开始流凌，首凌日期较常年（1971—2020年，下同）偏晚2d。2021年12月16日在内蒙古河段土默特右旗贺成全村附近（三盛公闸下385km）首现封河，首封日期较常年偏晚13d，为1989年以来最晚封河年份。随着封河河段不断向上游发展，12月29日宁夏河段（宁蒙交叉河段）开始封冻，最长封冻8km。受气温波动影响，2022年1月26日宁夏河段解冻，并于2月7日再次封冻，2月8日宁蒙河段达到本年度最大封河长度633km，封河长度为1991年以来第二短。随着气温回升，2月9日起宁蒙河段开始融冰解冻，2月13日宁夏河段全部开通，本年度宁夏河段出现两封两开现象。3月18日黄河宁蒙封冻河段全线开通，开河日期较常年偏早7d，开河期间，头道拐水文断面3月14日22时出现最大流量1190$m^3/s$，较常年偏小43%，开河最大10d水量约6.3亿$m^3$，较常年偏少36%，开河形势平稳。本年度凌汛期流凌至开河历时117d，封冻历时93d。

2021—2022年度，宁蒙河段各水文站冬季首封日期、春季开河日期，常年封河日期、常年开河日期统计情况见表9-1。

表9-1　2021—2022年度宁蒙河段水文站封、开河日期值统计

| 封、开河日期 | 石嘴山站 | 巴彦高勒站 | 三湖河口站 | 包头站 | 头道拐站 |
|---|---|---|---|---|---|
| 封河日期 | 未封 | 2021-12-31 | 2021-12-17 | 2021-12-17 | 2021-12-17 |
| 开河日期 | 未封 | 2022-03-03 | 2022-03-11 | 2022-03-16 | 2022-03-14 |
| 常年封河日期/(月-日) | 01-11 | 12-21 | 12-07 | 12-09 | 12-10 |
| 常年开河日期/(月-日) | 02-26 | 03-11 | 03-20 | 03-17 | 03-20 |

注　除包头站（2014—2020年）外，常年均指1971—2020年均值。

宁蒙河段历年封河、开河日期，常年封河、开河日期，见图9-1。

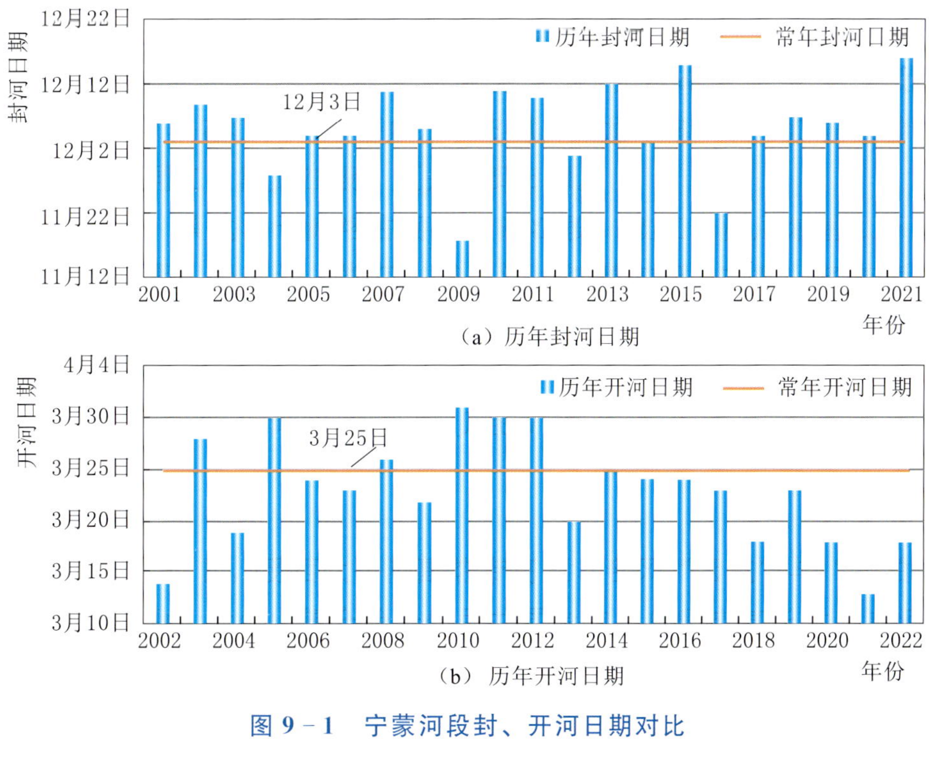


图9-1　宁蒙河段封、开河日期对比

### （二）冰情特征值

2021—2022年度宁蒙河段水文站冰厚及冰期水位统计见表9-2。

表9-2　2021—2022年度宁蒙河段水文站冰厚及冰期水位统计

| 站名 | 最大冰厚/cm | 出现日期 | 冰期水位/m | 上一年度 | | 近5年 | | 常年 | |
|---|---|---|---|---|---|---|---|---|---|
| | | | | 最大冰厚/cm | 增减量/cm | 平均冰厚/cm | 增减量/cm | 平均冰厚/cm | 增减量/cm |
| 石嘴山 | 未封 | — | — | 未封 | — | 19.8 | — | 36.0 | — |
| 巴彦高勒 | 46.0 | 2022-02-13 | 1051.30 | 55 | -9.0 | 49.2 | -3.2 | 64.0 | -18.0 |
| 三湖河口 | 51.0 | 2022-02-23 | 1018.03 | 60 | -9.0 | 60.2 | -9.2 | 61.0 | -10.0 |
| 包头 | 52.0 | 2022-02-23 | 1003.30 | 58 | -6.0 | 60.4 | -8.4 | 59.0 | -7.0 |
| 头道拐 | 56.0 | 2022-02-23 | 988.12 | 63 | -7.0 | 65.6 | -9.6 | 61.0 | -5.0 |

注　冰期水位为各站最大冰厚当日8时冰期水位，除包头站（2014—2020年）外，常年均指1971—2020年均值。

## 三、松花江

2021—2022年度，松花江整个凌汛期凌情形势平稳，未出现明显凌汛险情。嫩江江桥站于2021年11月24日封河，较常年（1956—2020年，下同）偏晚13d；2022年4月3日开河，与常年相同。封河至开河总历时130d。第二松花江松花江站于2021年12月16日封河，较常年（1968—2020年，下同）偏晚15d；2022年4月1日开河，较常年偏晚4d。封河至开河总历时112d。松花江干流哈尔滨站于2021年11月23日封河，与常年（1955—2020年，下同）封河日期相同；2022年4月7日开河，与常年开河日期相同。封河至开河总历时135d。

### （一）封开河情况

2021—2022年度松花江各水文站冬季首封日期、春季开河日期，常年封河日期、常年开河日期统计见表9-3。

表9-3　松花江水文站封、开河日期统计

| 封开河日期 | 江桥站 | 松花江站 | 哈尔滨站 |
|---|---|---|---|
| 封河日期 | 2021-11-24 | 2021-12-16 | 2021-11-23 |
| 开河日期 | 2022-04-03 | 2022-04-01 | 2022-04-07 |
| 常年封河日期/(月-日) | 11-11 | 12-01 | 11-23 |
| 常年开河日期/(月-日) | 04-03 | 03-28 | 04-07 |

哈尔滨水文站历年封河、开河日期，常年封河、开河日期，见图9-2。

### （二）冰情特征值

2021—2022年度松花江水文站冰厚及冰期水位统计见表9-4。

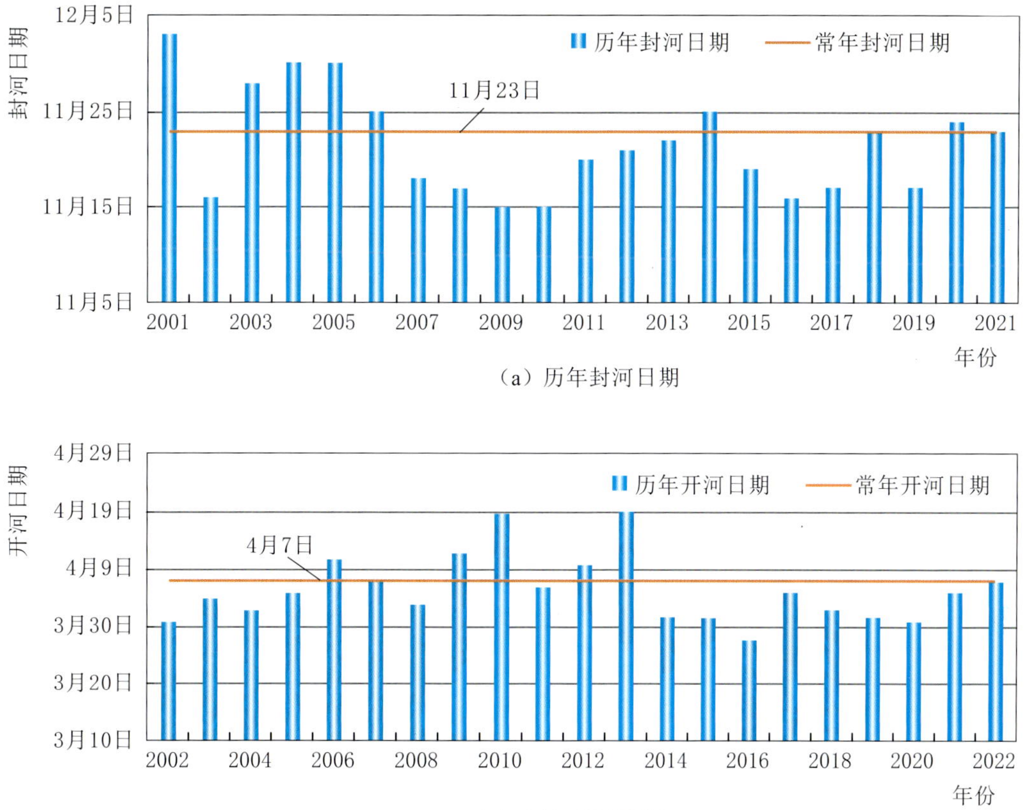


（a）历年封河日期

（b）历年开河日期

图 9-2 哈尔滨水文站封、开河日期对比

表 9-4 2021—2022 年度松花江水文站冰厚及冰期水位统计

| 站 名 | 最大冰厚 /cm | 出现日期 | 冰期水位 /m | 十一年度 | | 近 5 年 | | 常 年 | |
|---|---|---|---|---|---|---|---|---|---|
| | | | | 最大冰厚 /cm | 增减量 /cm | 平均冰厚 /cm | 增减量 /cm | 平均冰厚 /cm | 增减量 /cm |
| 江桥 | 90 | 2022-02-21 | 135.54 | 100 | −10 | 94 | −4 | 107 | −17 |
| 松花江 | 100 | 2022-03-01 | 148.81 | 74 | 26 | 80 | 20 | 79 | 21 |
| 哈尔滨 | 62（岸边） | 2022-03-01 | 115.87 | 63（岸边） | −1 | 61 | 1 | | |

## 四、辽河

辽河福德店水文站自 2021 年 12 月 27 日开始封河，较常年（1971—2020 年，下同）偏晚 31d，至 2022 年 3 月 10 日开河，较常年偏早 13d，封河至开河总历时 73d。最大冰厚出现在 2022 年 2 月 11 日，冰厚值为 47cm。

### （一）封开河情况

2021—2022 年度，辽河福德店水文站冬季首封日期、春季开河日期，常年封河日期、常年开河日期统计见表 9-5。

福德店站历年封河、开河日期，常年封河、开河日期，见图 9-3。

表 9-5 辽河福德店水文站封、开河日期统计

| 封开河日期 | 开河日期 | 常年封河日期/（月-日） | 常年开河日期/（月-日） |
|---|---|---|---|
| 2021-12-27 | 2022-03-10 | 11-27 | 03-23 |

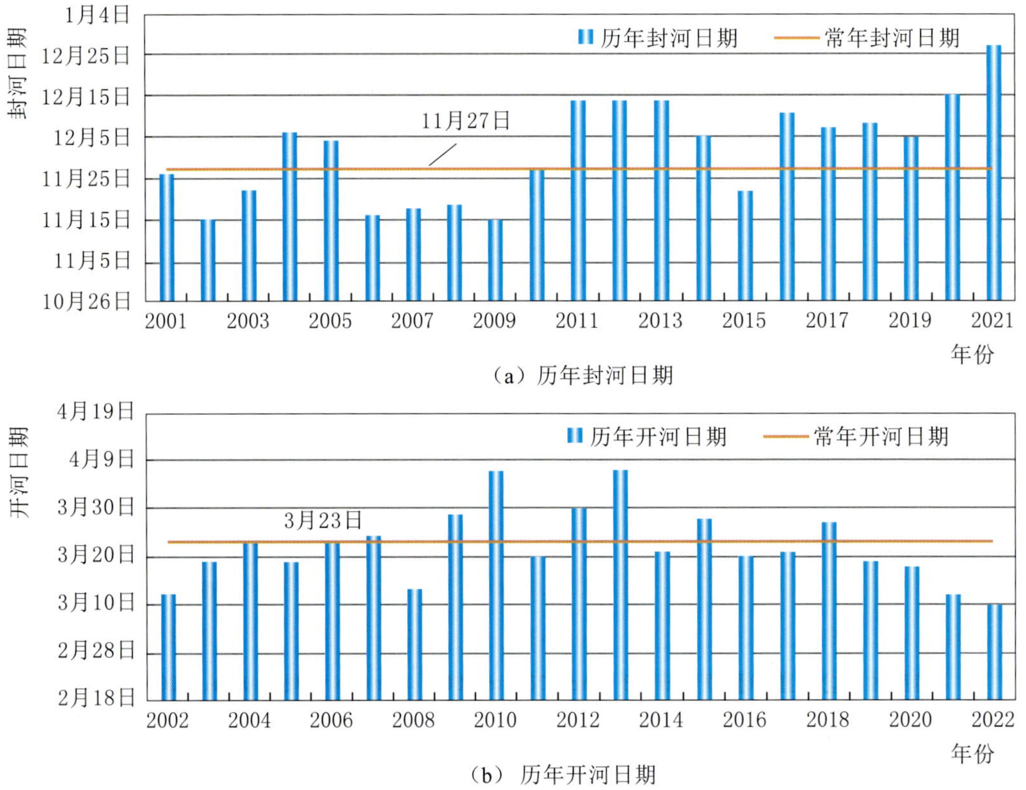


图 9-3 福德店水文站封、开河日期对比

### （二）冰情特征值

2021—2022 年辽河福德店水文站冰厚及冰期水位统计见表 9-6。

表 9-6 2021—2022 年辽河福德店水文站冰厚、冰期水位统计

| 站 名 | 最大冰厚/cm | 出现日期 | 冰期水位/m | 上一年度 | | 近 5 年 | | 常 年 | |
|---|---|---|---|---|---|---|---|---|---|
| | | | | 最大冰厚/cm | 增减量/cm | 平均冰厚/cm | 增减量/cm | 平均冰厚/cm | 增减量/cm |
| 福德店 | 47 | 2022-02-11 | 96.65 | 55 | −8 | 51 | −4 | 58 | −11 |

太湖晨曦（陈甜　提供）

# 第十章 湖库蓄水量

## 一、概述

2021 年，全国大中型水库和湖泊蓄水量总体有所增加，不同区域情况存在差异。全国 728 座大型水库和 3797 座中型水库年末蓄水总量为 4449.1 亿 $m^3$，比年初蓄水总量增加 17.5 亿 $m^3$，其中大型水库年末蓄水量为 3953.3 亿 $m^3$，比年初增加 15.4 亿 $m^3$；中型水库年末蓄水量为 495.8 亿 $m^3$，比年初增加 2.1 亿 $m^3$。全国有监测的 73 个湖泊年末蓄水总量为 1464.8 亿 $m^3$，比年初蓄水总量增加 12.0 亿 $m^3$。

## 二、大中型水库蓄水量

北方 6 区水库年末蓄水量较年初减少 10.0 亿 $m^3$，南方 4 区水库年末蓄水量较年初增加 27.5 亿 $m^3$。海河区、东南诸河区、长江区、辽河区、淮河区、西北诸河区、西南诸河区等 7 个一级区年末蓄水量较年初增加，其中海河区、东南诸河区、长江区分别增加 45.0 亿 $m^3$、24.9 亿 $m^3$、20.5 亿 $m^3$；松花江区、珠江区、黄河区 3 个一级区年末蓄水量较年初减少，其中松花江区、珠江区分别减少 67.5 亿 $m^3$、19.3 亿 $m^3$。

2021 年一级区大中型水库蓄水量见表 10－1，2021 年各一级区大中型水库年蓄水变量见图 10－1。

## 三、湖泊蓄水量

洪泽湖、南四湖、青海湖蓄水量分别增加 5.9 亿 $m^3$、5.2 亿 $m^3$、3.2 亿 $m^3$；鄱阳湖和查干湖分别减少 1.1 亿 $m^3$ 和 1.0 亿 $m^3$。2021 年部分湖泊年初及年末蓄水量见表 10－2。

表 10－1 **2021 年一级区大中型水库蓄水量** 单位：亿 $m^3$

| 一级区 | 大型水库 | | | | 中型水库 | | | | 大中型水库年蓄水变量 |
|---|---|---|---|---|---|---|---|---|---|
| | 座数（座） | 年初蓄水量 | 年末蓄水量 | 年蓄水变量 | 座数（座） | 年初蓄水量 | 年末蓄水量 | 年蓄水变量 | |
| 全国 | 728 | 3937.9 | 3953.3 | 15.4 | 3797 | 493.6 | 495.8 | 2.1 | 17.5 |
| 松花江区 | 48 | 288.7 | 227.0 | －61.7 | 199 | 36.0 | 30.2 | －5.8 | －67.5 |
| 辽河区 | 40 | 114.0 | 118.7 | 4.7 | 128 | 15.3 | 17.3 | 2.0 | 6.7 |
| 海河区 | 37 | 84.0 | 125.2 | 41.3 | 120 | 12.5 | 16.2 | 3.7 | 45.0 |
| 黄河区 | 38 | 433.1 | 430.4 | －2.7 | 188 | 15.0 | 17.3 | 2.3 | －0.4 |
| 其中：上游 | 12 | 326.1 | 305.5 | －20.6 | 34 | 2.4 | 2.0 | －0.4 | －20.9 |
| 中游 | 22 | 99.6 | 117.5 | 17.8 | 129 | 8.9 | 10.8 | 1.9 | 19.8 |
| 下游 | 4 | 7.4 | 7.4 | 0.0 | 24 | 3.5 | 4.3 | 0.8 | 0.8 |
| 淮河区 | 58 | 99.2 | 101.6 | 2.4 | 270 | 32.5 | 33.6 | 1.1 | 3.5 |
| 长江区 | 284 | 1912.7 | 1939.8 | 27.1 | 1529 | 210.6 | 204.1 | －6.6 | 20.5 |
| 其中：上游 | 99 | 1045.5 | 1048.8 | 3.3 | 489 | 88.2 | 87.0 | －1.2 | 2.1 |
| 中游 | 167 | 826.4 | 854.9 | 28.5 | 951 | 112.3 | 107.2 | －5.2 | 23.3 |
| 下游 | 18 | 40.8 | 36.1 | －4.7 | 89 | 10.1 | 9.8 | －0.3 | －4.9 |
| 太湖流域 | 8 | 2.8 | 3.1 | 0.3 | 18 | 1.1 | 1.5 | 0.4 | 0.7 |
| 东南诸河区 | 50 | 260.3 | 278.0 | 17.7 | 313 | 34.4 | 41.6 | 7.2 | 24.9 |
| 珠江区 | 119 | 625.3 | 608.3 | －17.0 | 745 | 86.7 | 84.4 | －2.3 | －19.3 |
| 西南诸河区 | 15 | 44.3 | 44.5 | 0.2 | 137 | 20.0 | 21.3 | 1.3 | 1.5 |
| 西北诸河区 | 39 | 76.3 | 79.7 | 3.5 | 168 | 30.6 | 29.9 | －0.7 | 2.8 |

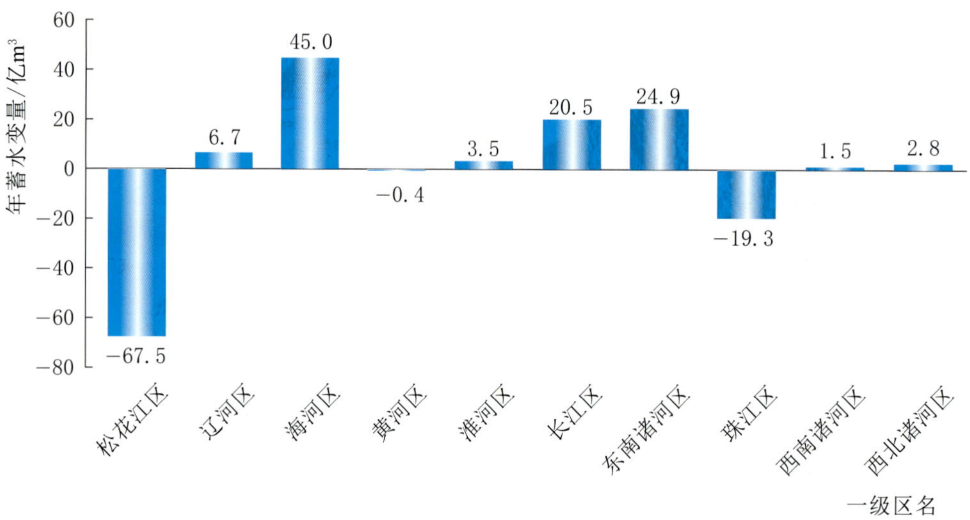


**图 10－1 2021 年一级区大中型水库年蓄水变量**

表 10-2 2021 年部分湖泊年初及年末蓄水量

| 湖泊 | 一级区 | 蓄水量/亿 $m^3$ | | |
|---|---|---|---|---|
| | | 年初 | 年末 | 蓄水变量 |
| 查干湖 | 松花江区 | 8.9 | 7.9 | -1.0 |
| 洪泽湖 | 淮河区 | 30.6 | 36.5 | 5.9 |
| 南四湖上级湖 | | 10.1 | 13.0 | 2.8 |
| 南四湖下级湖 | | 5.8 | 8.1 | 2.4 |
| 高邮湖 | | 9.8 | 9.1 | -0.7 |
| 骆马湖 | | 8.5 | 9.6 | 1.1 |
| 太湖 | 长江区 | 44.6 | 44.6 | 0.0 |
| 巢湖 | | 26.1 | 27.5 | 1.5 |
| 华阳河湖泊群 | | 11.8 | 12.0 | 0.2 |
| 鄱阳湖 | | 9.5 | 8.4 | -1.1 |
| 洞庭湖 | | 6.6 | 6.5 | -0.1 |
| 滇池 | | 14.6 | 15.0 | 0.3 |
| 梁子湖 | | 8.4 | 10.4 | 1.9 |
| 洪湖 | | 5.4 | 5.2 | -0.2 |
| 抚仙湖 | 珠江区 | 201.8 | 201.1 | -0.7 |
| 洱海 | 西南诸河区 | 28.1 | 27.5 | -0.6 |
| 青海湖（咸水湖） | 西北诸河区 | 896.0 | 899.2 | 3.2 |

## 四、典型湖泊丰枯两季水面变化

选取鄱阳湖、洞庭湖、太湖、洪泽湖、巢湖和白洋淀 6 个典型湖泊，开展丰枯两季湖泊水面变化遥感监测。根据湖泊周围重点水文测站水位数据判断丰枯两季时间，选取相近时相的卫星遥感影像，解译水体范围并计算水面面积。对比分析遥感影像水体解译结果，6 个典型湖泊丰枯两季水面面积变化情况详见表 10-3，其中，鄱阳湖、洞庭湖、白洋淀丰枯两季水面面积变化明显。图 10-2、图 10-3 为 6 个典型湖泊丰枯两季水面面积变化示意图。

表 10-3 典型湖泊丰枯两季水面面积变化统计

| 湖泊 | 丰水期水面面积/$km^2$ | 影像日期 | 枯水期水面面积/$km^2$ | 影像日期 | 变化率/% |
|---|---|---|---|---|---|
| 鄱阳湖 | 2977.51 | 2021-05-30 | 584.57 | 2021-12-01 | 80.37 |
| 洞庭湖 | 1746.54 | 2021-09-21 | 383.85 | 2021-12-06 | 78.02 |
| 太湖 | 2401.67 | 2021-07-14 | 2346.60 | 2021-01-18 | 2.29 |
| 洪泽湖 | 1568.04 | 2021-08-02 | 1445.99 | 2021-02-24 | 7.78 |
| 巢湖 | 786.27 | 2021-07-30 | 782.20 | 2021-04-13 | 0.52 |
| 白洋淀 | 94.15 | 2021-08-22 | 48.40 | 2021-06-11 | 48.59 |

注 表中“变化率”为湖泊丰水期与枯水期两季水面面积之差与丰水期水面面积之比。

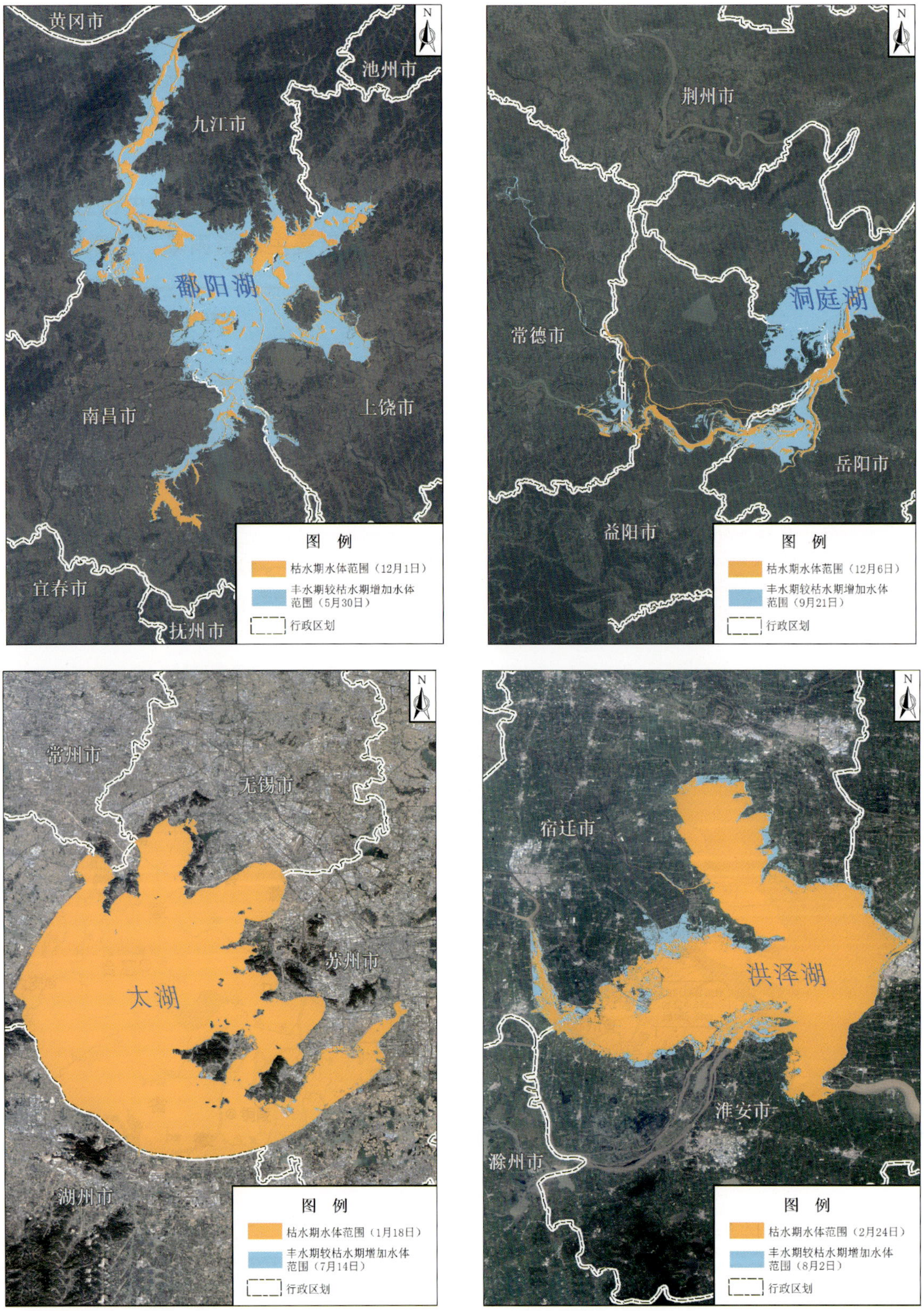


图 10-2　鄱阳湖、洞庭湖、太湖、洪泽湖丰枯两季水面面积变化

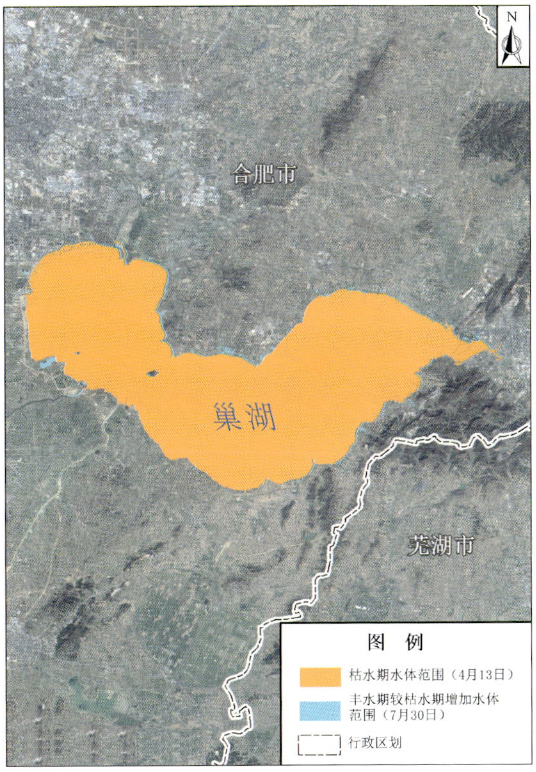


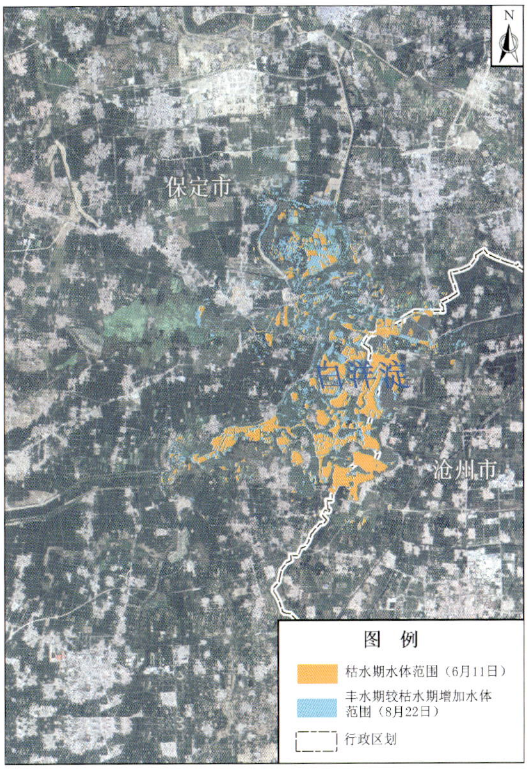


图 10－3　巢湖、白洋淀丰枯两季水面面积变化

## 《中国水文年报》编委会

主　编：刘伟平

副主编：仲志余　林祚顶　陈生水　蔡　阳　匡尚富

编　委：束庆鹏　孙金华　刘志雨　王建华　程海云　马永来
钱名开　杨建青　何力劲　宁方贵　孟庆宇

## 《中国水文年报》编写组成员单位

水利部水文司
水利部 交通运输部 国家能源局南京水利科学研究院
水利部水文水资源监测预报中心
中国水利水电科学研究院
国际泥沙研究培训中心
各流域管理机构
各省（自治区、直辖市）水利（水务）厅（局）

## 《中国水文年报》主要参加单位

各流域管理机构水文局
各省（自治区、直辖市）水文（水资源）（勘测）局（管理）（中心、站、总站）

## 《中国水文年报》编写组

组　长：束庆鹏

副组长：刘九夫　章树安　孙春鹏　彭文启　刘广全　蒋云钟
吴永祥　匡　键

成　员：蒋　蓉　刘　晋　彭　辉　高俊杰　许明家　杨　丹
王金星　孙　龙　金喜来　陈德清　熊　明　雷成茂
徐时进　王　琪　柳志会　任祖春　林荷娟　谢自银
王　欢　刘宏伟　仇亚琴　陈　吟　杜　霞　渠晓东

## 《中国水文年报》主要参加人员（以姓氏笔画为序）

于莎莎 王　丁 王　凤 王　旭 王　萍 王永勇 王亚娟
王卓然 邓晰元 田成龙 付　鹏 冯　艳 吕　琳 朱　冰
刘　强 刘开磊 刘吉峰 刘晓哲 孙　峰 孙祖刚 杜兆国
李春丽 李雪梅 杨　阳 杨　岚 杨　嘉 肖　航 吴　涛
吴　琼 吴珍梅 吴玲玲 邱凯华 余守龙 宋　枫 张　敏
张　蓉 张利茹 张昌顺 张春玲 陈　玺 陈　甜 陈　澄
陈兰芹 陈清勇 邵　骏 邵江丽 武光明 妮　莎 郝春沣
郭卫宁 黄　对 黄　旭 崔　倩 崔　巍 韩　炜 蒲　强
戴云峰

《中国水文年报》编辑部设在水利部 交通运输部 国家能源局南京水利科学研究院